Abel Hernández-Muñoz

LOS AVIARIOS, VUELO A LA FANTASÍA

Abel Hernández-Muñoz

LOS AVIARIOS, VUELO A LA FANTASÍA

Iniciación en el interesante entretenimiento de la cría de aves de adorno

Editorial Académica Española

Imprint

Any brand names and product names mentioned in this book are subject to trademark, brand or patent protection and are trademarks or registered trademarks of their respective holders. The use of brand names, product names, common names, trade names, product descriptions etc. even without a particular marking in this work is in no way to be construed to mean that such names may be regarded as unrestricted in respect of trademark and brand protection legislation and could thus be used by anyone.

Cover image: www.ingimage.com

Publisher:
Editorial Académica Española
is a trademark of
Dodo Books Indian Ocean Ltd. and OmniScriptum S.R.L publishing group

120 High Road, East Finchley, London, N2 9ED, United Kingdom
Str. Armeneasca 28/1, office 1, Chisinau MD-2012, Republic of Moldova, Europe
Printed at: see last page
ISBN: 978-613-9-43721-4

LOS AVIARIOS, VUELO A LA FANTASÍA

Iniciación en el interesante entretenimiento en la cría de aves de adorno

MSc. Abel Hernández Muñoz

ÍNDICE

Introducción...3

El aviario..4

Psitaciformes...36

Periquitos..37

Agapornis..47

Cacatillos..51

Paseriformes...52

Canarios..53

Exóticas...63

Bibliografía..71

INTRODUCCIÓN

Un aviario constituye un panorama para apreciar a bellísimas criaturas emplumadas que se conocen como aves de adorno, ornamentales o de fantasía. Su mantenimiento en condiciones óptimas constituye uno de los entretenimientos más cautivantes al que puede dedicar su tiempo libre una persona.

El aviario se recomienda para la mayoría de las especies de aves ornamentales que comúnmente se mantienen en cautividad. Los aviarios permiten hacer ejercicio a las aves en vuelo, lo que es primordial para la salud de muchas especies.

Los aviarios deben ser tan grandes como sea posible. Asegúrese de que no hay ningún punto débil por el que los pájaros puedan escapar o, al contrario, puedan entrar otros individuos.

En muchos casos, el aviario puede emplazarse fuera sin ningún peligro para los pájaros, pero en invierno pueden necesitar una protección extra y que se les suministre calor.

El aviario debe contar de tres partes:

- Un espacio vasto, abierto al exterior, donde puedan volar.
- Una caseta donde puedan encontrar abrigo y donde se puedan alimentar y reposar (fije para este propósito diversas ramas que sirvan de posaderos)
- Un porche de seguridad con dos puertas para que puedan entrar y evitar fácilmente cualquier huida.

Ponga la instalación en un terreno llano y en un sitio donde los pájaros pueden estar lo más tranquilos posible. Procure que no haya corrientes de aire. No instale el aviario debajo de los árboles, ya que las ramas podrían dañar la estructura de la malla.

EL AVIARIO

El lugar donde se sitúe la pajarera resulta de vital importancia. No debe haber corrientes de aire (golpes de aire). Debe estar protegido de los cambios bruscos de temperatura. Deben recibir el sol solo unas pocas horas al día. Especial cuidado debe tenerse en el invierno pues estas aves son tropicales y el frío les daña Debe estar protegido de la lluvia, y tener buena ventilación.

Cuando se está pensando en la construcción de un aviario para la cría de varias parejas se debe tomar en cuenta:

Que todo el local quede protegido con mallas de forma tal que si un ave se escapa de la jaula, lo cual sucede con frecuencia, esta quede dentro del aviario y pueda ser recuperada, evitando también la entrada de roedores y otros vectores que puedan trasmitir enfermedades.

Un ave suelta, en ocasiones resulta difícil de coger dentro del aviario, a ese efecto un jamo o red con los bordes del aro acolchonado o aspersor con agua ayuda, pues si se rocía con agua el ave, entonces el peso de la pluma le dificulta el vuelo.

El aviario debe poseer su grifo (o pila) con agua muy cercano, este requisito no debe obviarse, pues de hacerlo se tendrá tantas molestias que se termina por abandonar la cría o por hacer la inversión de llevar agua cerca del aviario.

• La importancia del espacio vital.

Es necesario, en el momento de colocar varias aves en la misma jaula, determinar si son compatibles siendo preferible una sola especie por jaula, determinar además si son demasiadas aves en el mismo lugar, lo que puede tornarlas agresivas al competir por comida y espacio. Hay aves de carácter muy agresivo que deben colocarse en jaulas individuales, no deben colocarse en la misma jaula aves adultas y juveniles y debe valorarse la posible rivalidad de los machos adultos en temporada de crías.

Conocer que cada especie de ave ornamental tiene un rango de espacio vital diferente y de tolerancia a la invasión de ese espacio por otras aves es imprescindible cuando se labora en la cría y comercialización de estas, si se tienen en cuenta estas características en las especies que comercializamos se lograrán menores pérdidas económicas y lo más importante se preservará la salud del ave.

También es muy común que dentro de un grupo de aves exista la tendencia de algunas a arrancar las plumas a sus compañeras ya sea para intentar utilizarlas como material de nido, buscando elementos nutritivos en el nacimiento de la pluma o simplemente por llamarle la atención alguna coloración de la base del cañón de la pluma. Es muy común en canarios de colores claros en muda que al ver el tono rojizo de la irrigación sanguínea a la nueva pluma se la arrancan al compañero provocando hemorragias que manchan todo el plumaje de este, desatándose luego un picaje de otras aves sobre la manchada.

En otras especies como las psitácidas existen casos que por frustración y estrés el ave puede intentar destruir al plumaje de un compañero de jaula e inclusive auto destruirse sus propias plumas.

LA JAULA

No siempre se puede tener un aviario. En ese caso, escoja una jaula espaciosa para que las aves puedan volar de una percha a otra. En el caso de los canarios o periquitos, una jaula de 60x65x30 cm es la óptima para una pareja.

Asegúrese de que la puerta cierre bien y de que se respeten las normas de seguridad.

Deposite la jaula en un mueble de forma que quede a la altura de los ojos. No la deje al sol ni, tampoco, en un sitio donde haya corrientes de aire, demasiado cerca de una fuente de calor o excesivamente accesible para un gato u otro animal doméstico.

• **Tamaño de la jaula.**

Las dimensiones adecuadas de las jaulas para aves dependen en gran medida de las especies que se coloquen dentro de estas y el número de animales de estas especies, pero pueden ser muy discutidas las medidas en dependencia de las necesidades reales de alojamiento entre un ave y otra por lo que recurriremos a la señalizaciones de medidas mínimas para el reglamento Europeo de dimensiones de jaulas y de las directrices para las tiendas de mascotas.

El espacio entre los alambres o malla que conforma la jaula debe impedir que las aves puedan sacar la cabeza de la jaula evitándose de esta forma accidentes por acceder el ave con el pico a lugares en las inmediaciones de la jaula o quedar con la cabeza atrapada entre los alambres.

Las jaulas deben ser realizadas con materiales que no provoquen intoxicaciones al ave impidiéndose sean recubiertas por pinturas que contengan sustancias dañinas, debe controlarse no existan salientes, áreas filosas o alambres con puntas que puedan causar daño a las aves, deben ser jaulas de fácil limpieza y tener puertas aseguradas para evitar accidentes de escapes más cuando se comercializan especies como las psitácidas, expertas en abrir las puertas de las jaulas gracias a la capacidad de movilidad de sus picos.

Las jaulas deben ser colocadas sobre pedestales, levantadas del piso en lugares visibles y de ser posible colocando parabanes entre una columna de jaula y otra para evitar que las aves tiendan a interactuar de una jaula a otra.

En el caso de las aves de gran talla deben ser alojadas en jaulas que den la capacidad de abrir las alas y realizar determinado nivel de ejercicios, siendo las dimensiones de estas como mínimo de una longitud de cerca de tres veces la envergadura alar con una percha en el centro permitiendo que en ciertos momentos el ave pueda batir las alas sin desgastar sus plumas por el roce con la malla; Mientras las aves de menor talla, que por lo general son más vivaces y activas, necesitando jaulas de mayores dimensiones respecto a su tamaño corporal que las aves grandes, dicho de otra forma la relación dimensión de la jaula/ave para este tipo de aves en la tienda de mascota establece un mayor espacio.

Producto a la disparidad de criterios y conscientes de la importancia del espacio vital para las aves en cautividad se han elaborado reglamentaciones para establecer que dimensiones de jaulas deben existir y el numero de aves por tipo en estas en las tienda de mascotas, llegando inclusive a regularse el tipo de jaula a la venta por especie que se quiera tener como mascota.

Al colocar las perchas o posaderos de las aves pequeñas en las jaulas, estas deben estar a una distancia prudencial de las esquinas o de los laterales de la jaula para evitar que cuando el ave se voltee, roce su cola con los alambres y sufran desgaste las plumas.

Dentro de las jaulas deben ser colocados comederos de tamaño suficiente para que todas las aves puedan tener acceso a los alimentos y el agua sin tener que luchar por un espacio de frente de comedero, además al colocar juguetes dentro de las jaulas permitirá la distracción del ave en un ambiente tan confinado ya adaptándose a este aditamento que luego podrá tener cuando sea comprada como mascota.

En una tienda de mascotas deben ser separadas las aves criadas a mano de las criadas por sus padres ya que estas primeras son más allegadas al hombre por ser criadas de forma artificial y menos propensas a defenderse de las agresiones de las otras requiriendo una atención especial.

HIGIENE

Generalmente las bandejas son de aluminio pulido y brillante, haga la limpieza de forma tal que esas características se mantengan siempre así. (Aluminio pulido y brillante)

La malla que sirve de piso de las jaulas no debe tener excrementos y la bandeja que está debajo debe limpiarse **<u>diariamente</u>**. El piso del aviario debe barrerse y al terminar el barrido se debe echar un cubo de agua en los aviarios colocados en azoteas o al aire libre donde el ambiente abierto favorece la evaporación del agua en poco tiempo.

En el caso de los **Paseriformes**, debido a su pico débil puede utilizarse la madera. La mayoría de los criadores tienen un nido preparado similarmente a como lo prepara la hembra y cuando el que está en uso se pone muy sucio entonces lo cambian, aunque en general esto ocurre solo una o a lo más dos veces durante todo el periodo.

Los restos de comida abandonada en la jaula, puede llegar a podrirse y ser fuente de enfermedades graves

Una vez al año haz una limpieza general del aviario, cerrándolo y desinfectándolo con formol durante 24 horas, aunque esto no es una práctica frecuente, está recomendada en muchos de los textos sobre la materia de aviarios. En realidad todo parece indicar que esta conducta es solo recomendable bajo prescripción veterinaria.

Recuerda al limpiar las bandejas de las jaulas que no es suficiente limpiarlas con una espátula, utiliza además una pequeña esponja humedecida en agua. Cuando coloques la bandeja asegúrate de que esté totalmente seca.

Aunque esto no es necesario hacerlo siempre, debes limpiar la bandeja y el piso de la jaula con agua clorada o formolizada, aproximadamente una vez al mes o cuando encuentres signos de diarrea.

CUIDADOS

Procura siempre una pareja, muchas especies necesitan de la compañía para una larga vida. Recuerda siempre que esos preciosos animalitos <u>dependen de tí.</u>

Debes ser constante en el tipo de alimentación pues los cambios en la misma alteran su metabolismo y su digestión.

Suministra el alimento siempre a la misma hora y compra el alimento sólo en las tiendas habilitadas al efecto. Estas aves son esencialmente granívoras de digestión continua por lo que las siguientes recomendaciones son oportunas.

No deben faltarles los granos, es recomendable que las aves tengan siempre comida a su alcance

De la comida perecedera (que no se echa a perder) algo más de lo que consumen en un día. La comida que puede podrirse debe ser retirada diariamente y sustituida por alimento fresco. Una vez a la semana suminístrale un trocito de frutas frescas

Coloca la jaula en un lugar fresco, que reciba claridad y ambiente acogedor pero protéjelos de las corrientes de aire

Cambia el agua todos los días, muchas aves tienden a limpiarse el pico en el agua y también con frecuencia aparecen deposiciones en el bebedero lo cual crea un caldo de cultivo para gérmenes de todo tipo.

Al limpiar el bebedero asegúrate de retirar la babaza que se forma de un día para otro en las paredes y en el fondo del bebedero.

Mantén limpia la jaula y la bandeja de restos de comida y de las   deposiciones que son criaderos de sarna y otras enfermedades en las aves que aunque **no** se trasmite al ser humano será muy perjudicial para sus pajaritos.

LAS JAULAS

Un aviario debe contar con varios tipos de jaulas diferentes, según las características y necesidades: Jaulas de cría, vuelo, reserva, transporte, enfermería y cuarentena.

LAS JAULAS DE CRÍA

Estas jaulas son las utilizadas para la crianza, en los Paseriformes puede usarse elementos de madera

JAULAS DE VUELO O JAULONES.

Deben ser mucho más grandes sobre todo en altura, en ella colocaremos los pichones después de la independización y hasta que estén listos para la reproducción y donde darán con el vuelo libre, la fortaleza necesaria a sus alas.

Un especial cuidado se debe tener con la superpoblación lo cual resulta en una verdadera tortura para las aves que tienen como característica defender su territorio, la lucha y la muerte resultaran frecuente si no respetamos el espacio vital que ellos necesitan. En estas jaulas las perchas (posaderos) deben colocarse en los extremos, de forma tal que no impidan el libre vuelo a través de la misma, siendo estas de diferente diámetro para que el ave haga ejercicio con los dedos de las patas, por ejemplo usar en unas el diámetro de 1 cm y otros 2 cm. De ser posible tenga dos jaulas de vuelo, una para cada sexo.

DIMENSIONES EN LAS JAULAS DE CRÍA Y EN LOS JAULONES DE VUELO

Características en centímetros	Dimensión útil en las de cría Paseriformes	Dimensión útil en los jaulones
Profundidad	25	60
Altura	30	90
Largo	40	150

Características en centímetros	Dimensión útil en las de cría Psitaciformes	Dimensión útil en los jaulones
Profundidad	25	60
Altura	40	90
Largo	60	150

En los jaulones la altura tiene especial importancia pues estas aves prefieren las alturas, ya que este tipo de aves permanece el 90% del tiempo en la parte más alta, bajando generalmente solo para comer.

Esto puede lograrse adicionalmente colgando el jaulón lo mas alto posible, estos jaulones deben tener un mínimo de 80 a 90 cm. de altura.

Si Ud. piensa en la cría y reproducción debe pensar en destinar una habitación o espacio cerrado y techado para el aviario.

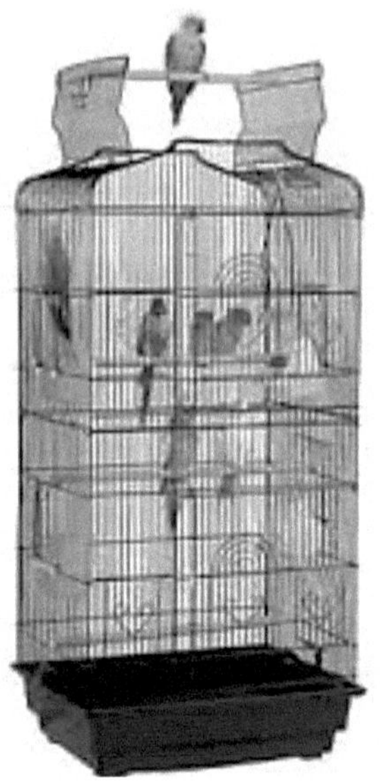

JAULAS DE RESERVA

Si tienes un aviario con varias parejas, debes tener algunas jaulas de reserva para utilizarlas si se presenta la necesidad, en general se debe contar con un par de estas jaulas.

JAULAS DE TRANSPORTE.

Estas jaulas se utilizan para trasladar los pájaros a otro lugar.

Por ejemplo llevarlos al veterinario. Estas jaulas deben ser pequeñas, completamente cubiertas por tres de sus lados de forma tal que el pájaro no vea hacia afuera y no se asuste durante el viaje, el cuarto lado puede ser de malla para garantizar la ventilación.

JAULAS DE ENFERMERÍA

Una de las jaulas debe ser destinada a estos efectos, si es posible fuera del aviario, a fin de no contaminar el resto del aviario.

Esta constará de una fuente de calor

La percha debe estar baja.

JAULAS DE CUARENTENA.

Después de una enfermedad contagiosa o cuando un ejemplar entra nuevo de la calle debemos mantenerlo en cuarentena fuera del aviario, como medida de seguridad, observándolo por lo menos 40 días antes de incorporarlo a el.

Observaciones.

El cierre de las jaulas debe ser seguro pues las aves que son muy ingeniosas y persistentes, terminarán por escapar si nos confiamos, algunos criadores utilizan como medida de seguridad una horquilla de tender.

Los soportes de la bandeja son tradicionales pero puedes modificarlos (utilizando una tenaza o pinza como herramienta) y adaptarlo de forma tal que si necesita poner veneno para ratones en la bandeja, el veneno no sea alcanzado por el pico de sus aves.

Esto es solo necesario donde abundan los roedores.

NIDOS

En los **Psitaciformes** las partes del nido son: el agujero de entrada y salida, la percha de apoyo del ave, la ventana de inspección y los orificios de reventilación

La colocación del nido depende de la distribución de las jaulas y las jaulas pueden ponerse en bloque, en paralelo o intercalados.

En bloque. Una jaula al lado de la otra separadas por uno o dos centímetros y en ese caso el nido se coloca al frente en el lado contrario a la puerta de entrada de la jaula

En paralelo. Las jaulas se colocan de dos en dos separadas una de otra por uno o dos centímetros, pero los nidos se colocan a derecha e izquierda de cada jaula.

Como es fácilmente observable la colocación en bloque aprovecha mucho mejor el espacio disponible, pero la colocación en paralelo le oferta mayor belleza estética cuando se dispone de espacio suficiente.

Intercalado. Otra forma de colocación es con los nidos intercalados entre las dos jaulas, donde las parejas no ven a sus vecinas, evitando según dicen algunos que se produzcan enamoramientos indeseados.

Para los **Paseriformes** las dimensiones DE LOS NIDOS se encuentran entre 12 cm de altura, 12cm de largo y 8 cm de ancho. Estos se confeccionan con maya de alambre, madera, plástico o metal y <u>generalmente se colocan dentro de la jaula</u>.

El material para formar el nido es hilo de yute (saco de yute) previamente hervido, estos hilos deben recortarse entre 8 a 12 cm. de largo y se sitúan a los lados de la jaula donde la hembra pueda cogerlos con su pico y comenzar a construir el nido. Cuando ya el nido está hecho, solo entonces se colocará un pedazo de algodón para su terminación.

Resulta útil tener siempre un nido "listo para usar" confeccionado por el criador y similar al que hizo la madre, a fin de cuando necesitamos higienizar alguno, solo tengamos que quitarlo y colocar en su lugar el que tenemos listo.

Los criadores que prefieren utilizar el nido fuera de la jaula lo hacen generalmente con los nidos intercalados entre las dos jaulas, donde las parejas no ven a sus vecinas, evitando según dicen algunos que se produzcan enamoramientos indeseados.

ALIMENTACIÓN

Ante todo quiero comenzar recordando que las aves que tenemos **dependen enteramente de nosotros y** resulta un verdadero crimen su desatención. Ellas no tienen ninguna posibilidad de agenciarse su alimentación y no la tienen porque a través de cientos de generaciones en cría tutelar la han perdido. Nosotros somos enteramente responsables de ello, no lo olvides, solo amándoles y cuidándoles con esmero se justifica moralmente su tenencia

Estas aves aunque son capaces de comer varios alimentos, no debemos nunca olvidar que son esencialmente granívoras.

Las aves son animales de digestión continua, el suministro de alimento debe tomar esto en consideración, los ayunos pueden causar serios trastornos digestivos y por supuesto un pobre desarrollo estructural.

La comida debe ser suministrada diariamente, cada día toma el cuidado de botar las pajas que son los restos de la comida anterior. Esto resulta vital pues ha sucedido que los principiantes creen que queda comida *donde sólo hay paja* y los pájaros han muerto de hambre, pues muchas especies no escarban la comida y las cáscaras taparán las semillas que hay debajo. Generalmente con soplar sobre ella la paja vuela y con ello se elimina.

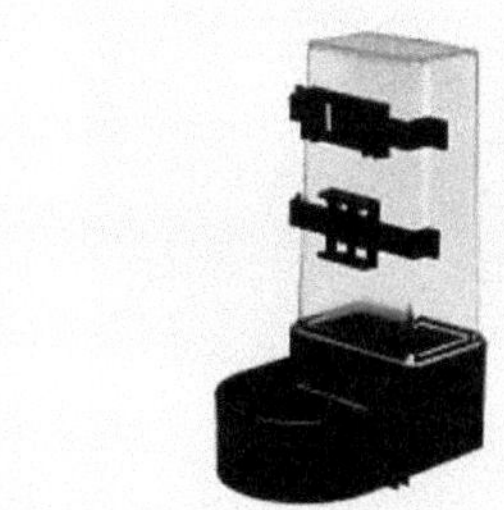

Ferplast Comedero Marrón
para Canarios y Pájaros
Exóticos

RÉGIMEN HORARIO

Un régimen de horario alimenticio aconsejable sería:

Temprano en la mañana………..……..El blando

Al medio día…………..……………….Verduras, frutas y vegetales

En la tarde…………………………….Todos los granos

El agua es también un elemento indispensable, y debe cambiarse diariamente, le aseguramos que la cantidad de microorganismos que contiene después de 24 horas es abundante. Limpie bien la babaza que se adhiere a las paredes del recipiente

Para el aficionado son suficientes las mezclas que se venden en los establecimientos especializados a los cuales debe acudir siempre. Comprar comida para sus aves a revendedores sin escrúpulos es un error que no deben cometer, ya que ellos en el afán de lucrar preparan mezclas tremendamente económicas que no cumplen los requerimientos necesarios.

Trixie Comedero de Acero
Inoxidable con Gancho para
Pájaros

COMPONENTES

Veamos ahora los componentes necesarios en la dieta: *proteínas, lípidos, carbohidratos, vitaminas y minerales.*

Como has visto, en nada difieren de los componentes de la dieta de cualquier ser vivo, por tanto no vamos a realizar una explicación de cada uno de ellos, lo que otra parte, puedes verlos en cualquier texto de nutrición.

Varios son los vegetales (hervidos, pero no sazonados) que estas aves comen sin dificultad, aunque no es una práctica común el uso de ellas en nuestro medio. Y los que las utilizan lo suministran en horas del mediodía

En cuanto a las frutas ellos son capaces de comer muchas de ellas, otras no son de su agrado, pero todo parece indicar que en ello mucho influye a lo que les hemos acostumbrado.

En todo caso el uso de vegetales, frutas y hojas verdes es recomendable como complemento de la dieta pero recordando siempre que estas aves son esencialmente granívoras y que los granos deberán ser siempre la base fundamental de su alimentación

Aunque recordarás que no sólo de granos vive el ave.

La verdolaga, la escoba amarga y el romerillo son hojas verdes que ellos comen con gran agrado, es criterio muy difundido que la escoba amarga tiene efectos antiparasitarios para estas aves, lo cierto es que la escoba amarga cuando se introduce en agua antes de dárselas,   ellos se restriegan en ella, mojándose el plumaje con gran gusto, y comen las pequeñas florecillas con gran placer.

EL AGUA

El agua debe suministrarse diariamente, procurando no esté demasiado clorada. Muchos criadores disuelven las vitaminas y las medicinas en el agua, pero se debe tener cuidado con la concentración pues de toda el agua que suministramos, ellos sólo toman una pequeña parte. (Cambie el agua diariamente).

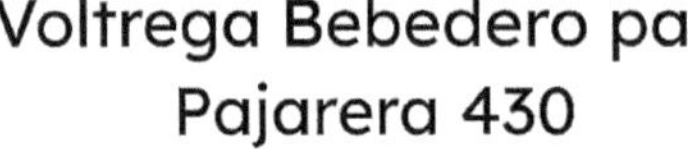

Voltrega Bebedero para Pajarera 430

Arquivet Bebedero Pajaros

BLANDO

El objetivo fundamental del blando es suministrar proteínas de origen animal y que éste no se deteriore durante el día en las condiciones de nuestro clima. *Debiéndose suministrar bien temprano en la mañana.*

Preparación:

Una parte de huevo hervido y molido

Dos partes de pan rallado o el cernido de trigo y maíz

El blando se suministra en un pozuelo aparte de los granos. (Algunos suministran el huevo solo.).

PREPARACIÓN DEL HUEVO

Se hierven durante 15 minutos y el huevo hervido <u>con el cascarón y todo</u> se muele en la maquinilla de moler carne (el cascaron es rico en calcio) a este huevo molido se le pueden agregar los aditivos siguientes:

Vitaminas, una pequeña porción de una tableta triturada en polvo fino.

Medicinas, si el veterinario lo indicó.

Suplementos nutricionales, Espirulina por ejemplo.

El huevo molido desaparece rápidamente del pozuelo cuando le ponemos el alimento, pues generalmente es lo primero que ellos comen, lo cual garantiza que no se desaprovechen las vitaminas y las medicinas que le agreguemos.

EN LA ALIMENTACIÓN DEBEMOS EVITAR

Suministrar leche, en realidad no pocos son los aficionados que cometen este error pensando en que la leche es un excelente alimento, pero olvidan que las aves <u>no son mamíferos</u> y que filogenéticamente no tienen el aparato digestivo preparado para su adecuada asimilación.   (No poseen la enzima lactosa, que tienen los mamíferos para degradar los azucares presentes en la leche) nunca suministre leche.

Cambios constantes en el horario en que se les suministra la comida resulta perjudicial, las aves como todos los animales adquieren reflejos condicionados sobre todo asociados a la alimentación y cuando mantenemos el mismo horario para suministrarles la comida ellos están mejor preparados para su disfrute y asimilación.

Cambios bruscos en la dieta pueden conducir a trastornos digestivos y muda, , si quieres introducir un nuevo tipo de alimento debe introducirlo paulatina y progresivamente.

RECOMENDABLES A INTRODUCIR EN LA DIETA

En primer lugar las vitaminas, estas pueden añadirse al agua o al blando.

El huevo hervido y molido debe suministrársele con toda la frecuencia que le sea posible, esta es una fuente de proteína muy adecuada para nuestras aves, solo tenga el cuidado de no exagerar, un huevo puede ser suficiente para repartirlo entre 4 u 6 parejas. El huevo debe suministrarse diariamente en mayor cantidad a las aves en cría y a las que están en muda, al resto es suficiente con dos veces a la semana, los excesos conducen a hígado graso, gordura, etc.

PARA LA PREPARACIÓN DEL ALIMENTO

Al moler los granos se origina una cantidad considerable de polvo de los mismos, ese polvo puede dañar las vías respiratorias, de ahí que resulte necesario cernir el material que ha sido molido. <u>Ese polvo obtenido puede usarse en el blando</u>

En todas las especies este paso es obligatorio siempre que se les suministre trigo y maíz molido.

El trigo y el maíz molido se mezclan siguiendo la siguiente proporción: 3 de trigo y 1 de maíz.

PARA LOS PASERIFORMES

En estas especies se debe tomar en consideración el tamaño y la forma del pico, aquí el tamaño del grano debe oscilar entre 2 y 4 mm de largo y un milímetro y medio de ancho. Por lo que los granos de maíz, trigo etc. deben molerse hasta alcanzar las dimensiones mencionadas y cernirlos para separarlos del polvo.

La llamada "mezcla de fantasía" contiene todos los granos que los Paseriformes necesitan para una adecuada alimentación que **junto con el blando** (ya descrito) completan la dieta de estas aves.

De las frutas frescas las semillas de tomate son muy apetecidas por ellos, así como pequeños trozos de naranjas, melón etc.

En la proporción de las semillas **el alpiste debe constituir alrededor del 40%**

CARACTERÍSTICAS DE ALGUNOS CEREALES

Alpiste. Es un grano de sabor agradable para todos las aves, su contenido de proteínas esta alrededor del 13 %.

Avena. Tiene un alto contenido en fibras (10%) es grato al paladar de las aves pero por su alto contenido en fibras debe suministrarse moderadamente aproximadamente entre el 5 y el 10 % del total a suministrar

Millo. Su valor proteico esta alrededor del 11%

Maíz. Tiene un alto contenido en carbohidratos por lo cual es una excelente fuente de energía

Panizo. Contenido de proteínas alcanza algunas veces hasta un 13% pero es deficitario de triptófano que es un aminoácido esencial

Trigo. Su valor proteínico está entre 10 y 15 % y está entre los mejores cereales para las aves

Soya. Es rica en aceites y proteínas (34 al 40 %) su valor biológico es muy alto.

BAÑO

La higiene es fundamental para garantizar la buena salud de las aves ornamentales y el baño es crucial para alcanzar el objetivo de criar aves sanas y hermosas. Existen varios tipos de bañeras que se adecuarán mejor a determinadas especies, ya sea por su tamaño o por su conducta higiénica.

REPRODUCCIÓN

PAREJAS O COLONIAS.

Una de las primeras preguntas que se hace el aficionado es si pondrá sus aves en jaulas por parejas o en una colonia.

Ambas posibilidades tienen ventajas y desventajas, trataremos de verlas por separado.

COLONIA, VENTAJAS Y DESVENTAJAS

La cría en colonia tiene las ventajas siguientes:

Las aves están en casi completa libertad y ofertan en ello una belleza que le es propia, además de que pueden ser adornadas con ambientes naturales que aumentaran su belleza.

Reduce el trabajo que hay que realizar y el tiempo que tenemos que invertir.

Las parejas se forman mas rápidamente pues cada ave escoge a su compañero libremente, pero esto aunque es una ventaja tiene la desventaja de que no podemos controlar la cría que nacerá, pues no habrá **selección** genética controlada.

Sus desventajas son:

Las enfermedades pueden propagarse fácilmente a toda la colonia.

Se produce un aumento del picaje.

Los pichones pueden ser agredidos por otros miembros de la colonia.

LA CRÍA POR PAREJAS

Requieren más trabajo y tiempo.

Las parejas demoran más en comenzar la puesta de huevos.

Pero se puede controlar quienes conforman la pareja y por tanto la descendencia que se obtendrá.

SELECCIÓN DE LA PAREJA

Aunque una hembra y un macho de la misma especie terminaran por reproducirse y por tanto el color y las características no determinaran para su acoplamiento, lo cierto es que la confección de parejas al azar, sin tomar en cuenta determinados criterios, conduce a la larga a debilitar el patrimonio genético de nuestro aviario, por ello algunos conceptos generales deben ser tomados en cuenta en ese momento.

El ejemplar "salvaje" ontogenética y filogenéticamente está asociado a los genes de mayor potencialidad, por haber sido fijados a través de la selección natural. En los ejemplares homocigotos la descendencia es más controlable.

En los apareamientos de ejemplares mutados, introduzca el "salvaje" en por lo menos en tercera generación lo cual dará resistencia, fortaleza física y genética a la descendencia.

Para formar parejas espere a que ellos hayan cumplido el año de vida, aunque es conocido que algunas especies logran aparearse algo antes (después de los 8 meses).

REESTRUCTURACIÓN Y REEMPLAZO DE PAREJAS

En ocasiones existe la necesidad o la conveniencia de deshacer una pareja porque pasado varios meses no hacen cría, otras veces ocurre que una pareja vieja que ha tenido varias nidadas pasen los meses y no crían nuevamente. También ocurre que quieres aparear un ejemplar particular con otro ejemplar y los únicos ejemplares que tienes están apareados. Deberás separar los machos y ponerlos en jaulas individuales en un lugar fuera del aviario donde no vean ni oigan a sus antiguas compañeras durante 20 días cuando menos. Solo después podrás conformar las nuevas parejas deseadas, en la misma situación te encontrarás si muere o se escapa un miembro de la pareja.

Este proceder es muy recomendable en muchas especies pues de no hacerlo, es muy posible que ocurra la muerte de algún ejemplar si este es introducido sin el adecuado proceder, en la jaula con una compañera no acostumbrada.

Por lo general son 3 años el tiempo de vida reproductiva con buena productividad, por lo que se debe reemplazar las parejas tomando en cuenta este aspecto.

Introduce el macho primero en la jaula de cría y mantenlo solo en ella al menos de 15 días antes de formar la pareja. Después de pasados los 15 días, introduce la hembra.

En ocasiones ocurre que la hembra que hemos elegido no estimula al macho el cual no le hace ningún caso o incluso en ocasiones la ataca, de ocurrir esto cambie la hembra.

Pero lo que ocurre normalmente es que muy pronto se inicie el ritual del cortejo tan pronto como le hemos introducido la hembra en la jaula.

En el ritual al macho se le erizan las plumas de la cabeza mientras se acerca a ella emitiendo un sonido particular parecido a un arrullo y empezara a alimentarla por regurgitación, mientras la hembra comienza a preparar el nido. Esta descripción aunque clásica, no es exacta para todas las especies, la cual puede variar según el caso, pero en general el ritual se resume en la acción del macho por agradar a la hembra a fin de que esta permita la monta.

Generalmente la monta se realiza entre el octavo y décimo día de haber formado la pareja.

SEXUALIDAD Y DIMORFISMO SEXUAL

En algunas especies los machos pueden ser diferenciados de las hembras dependiendo de ciertas características fácilmente observables en ellos.

Por ejemplo, el perico macho adulto es identificable por el color azul de la zona cérea que se encuentra en la parte superior del pico, mientras que en la hembra el color varía desde el blanco a carmelita.

En algunos canarios, así como en algunas aves exóticas también se observa dimorfismo sexual según se verá en los capítulos correspondientes.

SEXUALIDAD ADIMORFICA

En los Roseicollis, Personatas, Fisheris y otras especies no encontramos dimorfismo sexual por el contrario la hembra y el macho tienen prácticamente las mismas características morfológicas

Los criadores muy experimentados introducen el dedo en el orificio pélvico ya que en la hembra es de mayor tamaño, pero hasta ellos se equivocan con frecuencia.

Los huesos de la pelvis en la hembra son flexibles y en el macho no. Lo más aconsejable es llevarlos al veterinario para que por láparo-endoscopía determinen el sexo con toda seguridad.

CÓPULA

En realidad existen algunas condicionales que en el estado salvaje determinan el momento en que estas aves comienzan el ciclo reproductivo.

- Que encuentren alimento con facilidad.
- Que el clima sea favorable.
- Que los días sean más largos.

Estas condiciones aparecen en primavera - verano en muchos países, pero en Cuba nuestras aves prácticamente se reproducen todo el año. Aunque el pico reproductivo es de septiembre a marzo.

Por ello deberá preocuparte de dos factores:

Alimentación y luz. De la alimentación ya hablamos en el capítulo anterior.

Con respecto a la luz, instala una o dos lámparas de luz fría y apáguelas **rigurosamente** a las 10 de la noche, ellos alimentaran sus crías hasta esa hora, al apagar la luz espera unos segundos y vuelve a encenderla segundos después, ellos pronto aprenderán a encontrar el hueco del nido al primer aviso y se retiraran contentos a descansar este proceso de alargamiento de luz permite aumentar el fotoperíodo.

FECUNDACIÓN

Pueden ser varios los factores que influyen en la fecundación:

Edad de los progenitores, los machos deben tener no menos de 10 meses y las hembras no menos de 12 meses.

Las perchas en psitaciformes deben estar bien fijas, pues su movimiento puede dificultar la monta, dando lugar a huevos estériles.

La alimentación debe ser óptima.

Deben estar sanos.

El periodo de iluminación debe ser suficiente.

PUESTA, INCUBACIÓN Y ECLOSIÓN.

En los Paseriformes y Psitaciformes, aproximadamente 15 días después de la fecundación comenzará puesta de los huevos, una vez puesto el primero, ella continuara la puesta hasta un total que varía entre 6 y 8 huevos.

En este periodo no se debe molestar la hembra, ni estar limpiando la jaula pues cualquier manipulación puede asustarla y se detendrá la puesta o comenzara a poner los huevos fuera del nido.

Algunas hembras comenzarán la incubación después de puesto el primer huevo pero otras lo harán después del segundo o tercero.

En los **Paseriformes** Aproximadamente a los 15 días después de haber comenzado a incubar ocurrirá la eclosión del primer huevo, lo cual continuará diariamente hasta finalizar.

En los **Psitaciformes** Entre los 18 a 21 días después de haber comenzado a incubar ocurrirá la eclosión del primer huevo, lo cual continuara en días alternos hasta finalizar. En este periodo la hembra permanecerá casi todo el tiempo en el nido y el macho se encargará de alimentarla.

Normalmente la eclosión de los huevos se producirá diariamente o cada dos días, según la especie: Generalmente no es necesario abrir la puerta del nido para saber que se han producido los nacimientos pues el piar de la cría es característico, no obstante hay que hacerlo para vigilar que no se haya producido alguna muerte, lo cual es frecuente sobre todo cuando la madre es primeriza y esto nos obliga a sacar del nido el pichón fallecido, así como para vigilar el tamaño de los pichones pues entre el 5 a 7 día habrá que comenzar a anillar, lo cual como es comprensible se hará diariamente o en días alternos según la especie.

Los cascarones de los huevos ya nacidos se sacaran del nido, pues estos pueden afectar de diferentes formas a los nuevos inquilinos.

ACARREO DE HUEVOS

El arreo consiste en trasladar un huevo de una pareja, al nido de otra (nodriza) para que esta lo incube y críe a fin de salvar un huevo valioso ante la posibilidad de que la madre biológica no lo pueda hacer por cualquier razón.

Generalmente la hembra se echa después de haber puesto el segundo o tercer huevo, antes de esa fecha un huevo frío no significa necesariamente que no sea viable.

Por otra parte un huevo incubado puede no estar fecundado por lo que la temperatura del huevo tiene un valor relativo.

Un huevo fecundado <u>a los 3 días de incubación</u> muestra un enrejado de arterias y venas observable a través de la luz solar o de un bombillo o cuando menos está oscuro o negro en su interior y la superficie de la cáscara cambia tornándose lisa.

La nodriza debe ser una madre de comprobada experiencia como criadora.

Se debe tomar en cuenta el número de huevos que la nodriza tenga que atender, de forma tal que no excedan de 4.

El arreo de los huevos se puede efectuar 5 días antes o 5 días después de la nodriza haber comenzado a poner.

En los **Paseriformes** son <u>**los Gorriones del Japón**</u> los que utilizamos como nodrizas.

DESARROLLO DE LA CRÍA

En los Paseriformes el nacimiento se producirá diariamente, mientras que en los Psitaciformes será en días alternos.

Cuando las aves nacen no tienen plumas y son de color rosado, el pico es grande en proporción a su tamaño total y tienen los ojos cerrados.

Aproximadamente entre los 5 a 7 días se deberán anillar aun cuando no han abierto los ojos lo que ocurre alrededor del 9 día.

El anillado es de gran utilidad y resulta obligatorio en determinadas circunstancias.

Durante todo el tiempo la madre los alimentara por regurgitación y ellos permanecerán amontonados unos sobre otros en busca de calor.

El pajarito recién nacido aumentara vertiginosamente de peso. Hasta el día 23 aproximadamente, cuando alcanza su peso máximo, de lo que resulta lógico comprender que no deben ser separados del progenitor antes de esa fecha, ya que el progenitor lo seguirá adicionalmente alimentando.

Lo primero que hacen es asomarse al agujero del nido, entonces los padres lo alimentaran cuando él saca la cabecilla por el agujero y en muchas ocasiones la madre retardará la alimentación para incitarles a salir de él.

Por hambre los padres logran que por fin salga del nido y den sus primeros paseos

En ocasiones el pichón no logra por si solo regresar al nido, en ese caso es aconsejable que en horas de la tarde lo vuelvas a introducir en el nido con mucho cuidado.

Cuando los **PASERIFORMES** se crían en un nido abierto sus características son diferentes

ANILLADO

El anillaje es obligatorio en las siguientes circunstancias.

Para participar en concursos, para la comercialización y para establecer un control genético y veterinario del aviario.

El anillo define inequívocamente el ave en particular con un número que le es propio, así identifica también al criador que lo obtuvo y el año de nacimiento.

Este procedimiento resulta indispensable, incluso para conocer a que pareja de padres pertenece.

Entre los 5 a 7 días después del nacimiento debemos anillarlos, aun antes de que abran los ojos que ocurren alrededor del noveno día. Para el principiante esta operación es la más difícil de todo el proceso de la cría, el miedo a dañarlos con la manipulación es algo inevitable durante algún tiempo. Cogerlos en las manos, sostenerlos en ella y manipularlos crea al principio verdadera ansiedad en muchos criadores, sólo con la práctica el aficionado novel se sobrepone.

En la bibliografía internacional aparece el siguiente sistema.

Tome al pichón en la palma de la mano, sostenga la cabeza entre los dedos índice y del medio, con el dedo grueso y el anular sostenga la pata de forma tal que, anillen introduciendo primero los 3 dedos más grandes desplazando después el anillo hacia el cuarto dedo más pequeño, recomendando el anillado por la mañana temprano cuando el pichón aún no se ha alimentado.

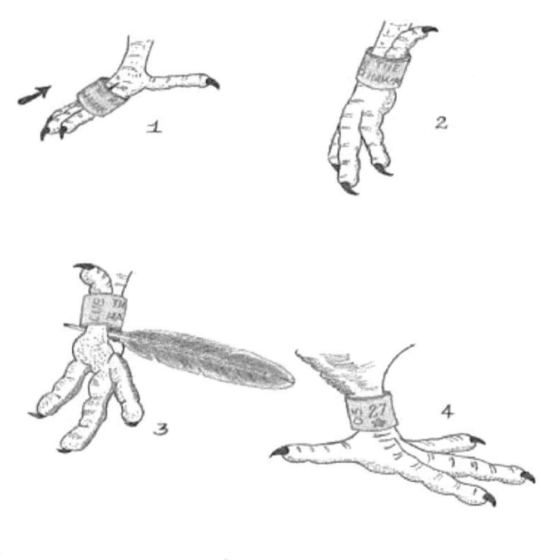

INDEPENDIZACIÓN

Los pichones recibirán alimento de boca de los padres incluso cuando ya son capaces de comer solos. Por eso no es conveniente alejarlos de ellos muy tempranamente pues en su compañía se desarrollan mejor y si se les desteta demasiado pronto comerán menos de lo necesario y no crecerán al ritmo normal. Sólo cuando los padres persiguen a la cría porque quieren anidar de nuevo es necesario entonces y con urgencia sacarlos de la jaula.

En la independización se tomarán las precauciones siguientes:

- Nunca haga la independización por la tarde.
- Por el contrario suministre agua limpia y alimento bien temprano en la mañana y cuando vea que ha comido sáquelo.
- En la nueva jaula ponga agua y comida.
- No pase directamente los pichones a un jaulón muy grande.
- Póngalo en una jaula similar a la que estaba.
- Sólo cuando este allí una semana haga entonces el traslado al jaulón de vuelo.
- Un buen procedimiento es ir colocando los pichones destetados juntos en esa jaula y pasarlos todos juntos al jaulón.

TARJETAS GENEALÓGICAS.

Estas tarjetas permiten el control de muchos de los factores de gran importancia en la crianza de las aves, tales como:

Color, número de anillo, fórmula genética y características portadoras del padre, madre y abuelos, así como la fecha de nacimiento de cada una de las crías.

Ejemplo: Jaula no.   23

	Hembra		Macho	
Color				
Anillo				
Portador				
	Padre de la hembra	Madre de la hembra	Padre del macho	Madre del macho
Color				
Anillo				
Portador				
1 Puesta	2 Puesta	3 Puesta	4 Puesta	5 Puesta
Fecha y No. anillo	Fecha y No. anillo	Fecha y No. anillo	Fecha y No. anillo	Fecha y No. anillo

LOS PSITTACIFORMES

Los Psitaciformes se caracterizan por tener cuatro dedos, dos hacia delante y dos hacia atrás y sus picos son curvos y fuertes.

CLASIFICACIÓN

PERIQUITOS

Ondulados

Opalinos

Amarillos de ojos negros

Blancos de ojos negros

Lutinos

Albinos

Flavos

Arlequines

Spangles

Alas de encaje

Clear body

Saddleback

Moñudos

ROSEICOLLIS

Serie Verde

    Lutinos

    Amarillo australiano

    Amarillo americano

    Amarillo japonés

    Dorados

    Golden cherry

    Pardinos

De la serie azul

    Azules

    Cherry Plata

    Plateados

    Albinos

    Creminos

    Pardinos

Arlequines

Canelas

Máscara blanca

Máscara naranja

Violetas

Pasteles

FISHERIS

Serie verde

Serie azul

Lutinos y Albinos

Diluidos

Arlequines

canelas

Plateados

dorados

PERSONATAS

Series verde y azul

Diluidos

Arlequines

Canelas

Albinos y Lutinos

Dorados y plateados

NINFAS O CAROLINAS

Grises

Blancos

Canelas

Arlequín canela y gris

Perlado

PERIQUITOS VARIEDADES

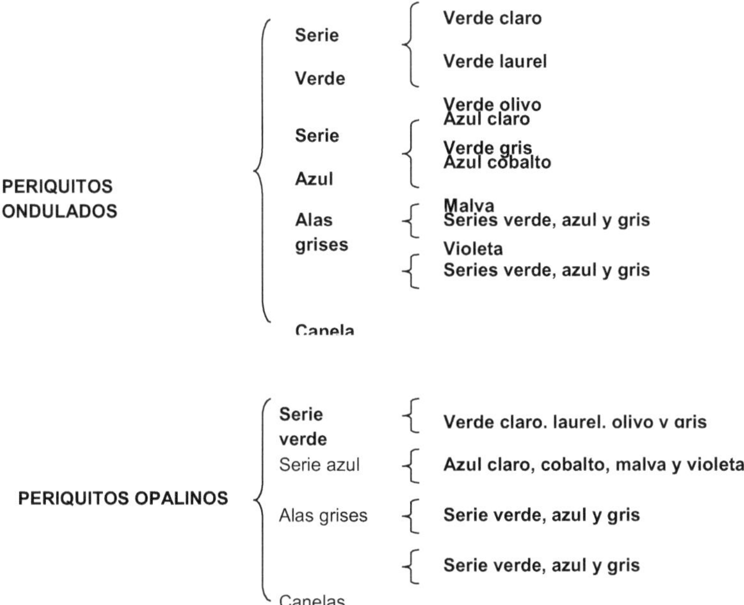

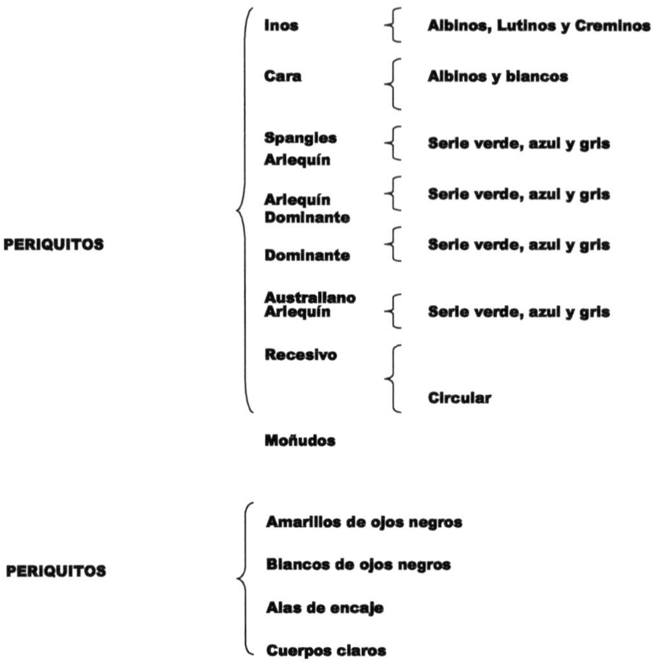

PERIQUITOS

Los periquitos originarios de Australia fueron descubiertos en 1789.

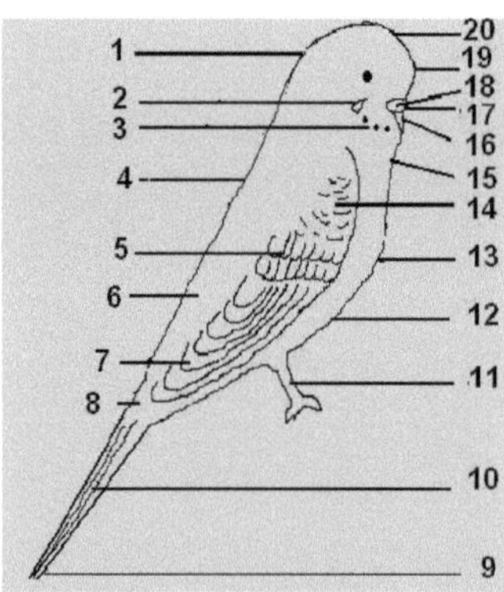

1. Nuca, 2. Bigotera, 3.perlas, 4. Dorso, 5. Remeras secundarias, 6. rabadilla, 7. remeras primarias, 8. cobertoras caudales, 9. rectrices, 10. timoneras, 11. patas, 12. abdomen, 13. pecho14. cobertoras alares, 15. cuello, 16 pico, 17. cera, 18. orificio nasal, 19. frente, 20 coronilla.

EL COLOR EN EL PERICO

En algunos textos aparece:

- **El color verde domina sobre todos los demás.**
- **El amarillo domina sobre el blanco.**
- **El azul domina sobre el amarillo y el blanco**
- **El gris y el violeta dominan sobre el azul, el amarillo y el blanco.**
- **Entre el gris y el verde existe co - dominancia.**

En realidad, aquí a pesar de que algunos hablan de dominancia **lo que sucede realmente es un efecto de ausencia y / o presencia,** adicionalmente los genes determinantes de los colores no están ligados, pues están ubicados en parejas de cromosomas diferentes, pero en rigor cuando involucramos a colores sexo ligado, entonces hay genes ligados y también en el caso de los lipocromos y el factor de oscuridad por estar en la misma pareja de cromosomas no se cumple la fórmula 2 elevado a "n" puesto que no se distribuyen al azar como consecuencia de la gametogénesis

MATIZANTES DEL COLOR

Matizantes.

1- El factor oscuro.

2- El gris dominante australiano.

3- El violeta.

EL FACTOR OSCURO.

Normalmente las características recesivas necesitan estar presentes en forma homocigótica para expresarse fenotípicamente, pues en la forma heterocigótica quedan como portadas. Sin embargo en la herencia intermedia la heterocigosis se expresa fenotípicamente aunque con menor intensidad, ejemplo de ello es el factor oscuro.

Ya hemos visto la génesis de la aparición de los colores: blanco, amarillo, azul, y verde, (Pag: 3) pero eso no explica la existencia de las tonalidades dentro de estos colores pues como sabemos existen dentro de la serie verde:

Los verde olivo, los verdes laureles y los verde claro.

En los amarillos encontramos:

Los amarillo claro, los amarillos medios y los amarillo oscuro

Así como dentro de la serie azul existen:

Los azul claro, los azul cobalto y los azul malva

Estas tres gradaciones se diferencian por su mayor o menor oscuridad y son debidas a un gen llamado oscuro, tal gen mutado apareció entre 1915 y 1920 y superpone su acción pigmentante sobre el gen normal.

Si tomamos en cuenta que el gen oscuro puede actuar en dosis sencilla o doble, resulta fácil comprender el siguiente esquema:

Color verde sin gen oscuro…………	Verde claro

Color verde con un gen oscuro……	Verde laurel

Color verde con dos genes oscuros…	Verde olivo

De igual forma en la serie azul vemos:

Color azul sin gen oscuro.	Azul claro

Color azul con un gen oscuro……	Azul cobalto

Color azul con dos genes oscuros…	Azul malva

EL FACTOR GRIS

El factor gris enmascara los otros colores, dando en la serie verde un <u>tono olivo mate y sin brillo.</u> (Cuya intensidad varía de acuerdo con la cantidad de factor oscuro que posea el ave, por ello los no avezados por Ej. Creen tener un verde olivo y en realidad están observando un verde gris). En la serie azul conduce a un tono <u>gris claro.</u> Este factor actúa de forma similar en todas las demás variedades

EL FACTOR VIOLETA

El factor violeta altera la intensidad del color en la serie azul de forma tal que el azul celeste con factor violeta se ve cobalto. Cuando se combinan el cobalto y el violeta resulta un precioso color violeta,

Algunos autores señalan que el factor violeta solo aparece fenotípicamente cuando un ejemplar posee además del factor azul, el factor oscuro y el factor violeta sencillo o doble. De lo antes dicho y que aunque pueda parecer extraño, es posible tener series enteras de pájaros verdes con el factor violeta, siendo entonces conocidos como verde violeta.

PERIQUITOS ONDULADOS.

Los periquitos ondulados tienen la base de la cabeza, nuca y cuello con ondulaciones de color negro en un fondo verde, la máscara es amarilla y en ella tres lunares negros simétricamente distribuidos a cada lado. El periquito verde ondulado es el que existe en forma libre en la naturaleza y al cuál le identificamos como "**salvaje**". Dentro de la serie verde encontraremos **el verde claro, el verde laurel y el verde olivo**, pero también existen otras mutaciones como el gris, el verde gris y el violeta. Y en la serie azul, el azul claro, cobalto y el oscuro, los ondulados con alas grises o canelas pueden aparecer.

ONDULADOS DE LA SERIE VERDE

Ya hemos visto que dentro de la serie verde existen tres gradaciones de color. Dentro de ellos el verde laurel es él más interesantes desde el punto de vista reproductivo, ya que el acoplamiento de dos verdes laurel nos ofertan una nidada donde podrán aparecer: **verdes claro, verdes laurel y verdes olivo**. La diferencia entre el verde olivo y el verde gris es que en el verde gris las bigoteras son de color gris y como el gris se infiltra en el verde opaca la brillantez semejando el color olivo. En el verde olivo las bigoteras son de color violeta.

La forma recesiva del verde claro es el amarillo, donde aparecen tres graduaciones.

Características: Máscara: amarilla

Lunares: tres a cada lado de la gola de color negro que deben estar simétricamente distribuidos y aproximadamente del tamaño del ojo

Bigoteras: violeta y Ojos: oscuros con iris visible.

El color básico según el caso puede ser verde claro, verde laurel , o verde olivo se distribuye puro y uniforme en el pecho y vientre cubriendo el cuello, la espalda , obispillo y alas,   sirviendo como base para sostener el diseño melánico.

Melaninas: de color negro (eumelanina) que se distribuyen en la cabeza, cuello y alas

Remeras: de color negro verdoso. Timoneras: azul oscuro y patas: gris azulado

ONDULADOS DE LA SERIE AZUL

Aquí de nuevo lo más interesante es acoplar un azul cobalto con otro azul cobalto donde obtendremos en la nidada tanto el azul claro, el azul cobalto y el malva , aunque al igual que en el caso anterior, en distintas proporciones.

La forma recesiva del azul es el blanco.

Característica: Máscara: blanca

El color básico según el caso puede ser azul celeste, azul cobalto o malva

Remeras: de color negro azulado

El resto de las características coinciden con la descripción anterior

ONDULADOS GRIS Y VIOLETA

Ambos factores son dominantes, por ello no podremos suponer que un ejemplar que no sea gris o violeta puede ser portador de dicha característica.

Tratándose del factor violeta existe solamente un grupo muy concreto "los violeta cobalto" que muestran de forma evidente un tono violeta en su plumaje, todos los demás ejemplares presentan variaciones en su colorido, pero no aparecen de este color a nuestra vista.

La forma manifiesta del color violeta ocurre cuando en un mismo ejemplar coinciden: el factor azul, el factor violeta sencillo o doble y el factor oscuro sencillo o doble

Factor oscuro sencillo = cobalto = violeta visible

Factor oscuro doble = malva = violeta no visible.

<h1 style="text-align:center">ONDULADOS DE ALAS GRISES</h1>

Pueden aparecer en todos los matices: Verde, Verde gris, Gris y Azul.

En estos casos el color básico se diluye por la influencia del gris, distribuyéndose en el cuello, pecho, vientre, espalda, obispillo y alas, sirviendo de base para sostener el diseño melánico que será de color gris claro

ONDULADOS ALAS CANELA

Pueden aparecer en todos los matices: Verde, Verde gris, Gris y Azul.

En estos casos el color básico se diluye por la influencia del canela, (feomelanina) distribuyéndose en el cuello, pecho, vientre, espalda, obispillo y alas, sirviendo de base para sostener el diseño melánico que será de color canela.

PERIQUITOS OPALINOS

Los opalinos, las plumas de las alas tienen el color del cuerpo, las plumas remeras son de color oscuro <u>con bordes más anchos que en los ondulados</u> pudiendo ser verdosos o azules según la serie.

OPALINOS DE LAS SERIES VERDE Y AZUL

Los opalinos tienen la base de la cabeza, nuca y cuello sin ondulaciones.

Las plumas de las alas tienen el color del cuerpo.

Las plumas remeras son de color oscuro con bordes verdosos o azules según la serie y más anchos que en los ondulados.

En sus alas aparece una interrupción de 1 a 2 cm. en amarillo o blanco según corresponda a la serie de color y que normalmente se le llama "**escudo opalino**". Otra característica distintiva de los opalinos consiste en que marca sus melaninas a la altura de los hombros **definiendo una "v" perfecta** que los distingue.

La máscara en forma de capucha lo mas limpia posible de melaninas extendiéndose por la cabeza, nuca, hombros y cuello.

La melanina se distribuye uniforme en las alas **en forma de lágrimas**. Pueden aparecer en todos los matices: Verde, Verde gris, Gris y Azul.

OPALINOS ALAS GRISES

En estos casos el color se diluye por la influencia del gris, se distribuye en la espalda marcando una "v" obispillo y la parte inferior de la gola hasta por detrás de las patas.

La melanina de color gris se distribuye uniforme en las alas en forma de lágrimas.

Pueden aparecer en todos los matices, Verde, Verde gris, Gris y Azul.

OPALINOS ALAS CANELA

En estos casos el color básico esta diluido por la influencia del canela marcando una "v", obispillo y la parte inferior de la gola hasta por detrás de las patas, con melaninas y remeras de color canela, combinación que aparece por Crossing over en determinados apareamientos de ejemplares canela y opalinos que son dos mutaciones recesivas ligadas al sexo que viajan en el mismo cromosoma.

Pueden aparecer en todos los matices, Verde, Verde gris, Gris y Azul.

AMARILLOS Y BLANCOS DE OJOS NEGROS

En los amarillos el color es amarillo en todo el cuerpo, excepto en las timoneras que son blancas y amarillas.

La máscara será amarilla o blanca según el caso.

Carecen de lunares.

Bigoteras de color blanco.

Los ojos son negros sin iris visibles.

En los blancos el color es blanco en todo el cuerpo pudiendo aparecer algo de amarillo en las remeras. Patas rosadas y cera: lila en los machos.

FACTOR INO, LUTINOS

Máscara amarilla, igual que todo el cuerpo

Pueden o no tener lunares, de tenerlos es de color gris muy claro

Bigoteras de color blanco

Color amarillo en todo el cuerpo excepto en remeras y timoneras que son de Color blanco, **la cera nasal de color malva rosado en los machos**

Las patas son de color carne o rosados. Los ojos son rojos.

FACTOR INO, ALBINOS

Máscara blanca, igual que todo el cuerpo.

Carecen de lunares y bigoteras bien marcadas de color blanco.

Color blanco en todo el cuerpo, **la cera nasal malva rosado en los machos**.

Las patas son color carne o rosadas y los ojos son rojos.

FLAVOS

Máscara amarilla en los de las series verde, verde gris y blanca en los de las Series azul y grises.

Ojos rojos y Bigoteras violetas diluida.

El resto de las características tales como lunares, remeras y timoneras varía a un canela más claro casi pardo.

ARLEQUÍNES.

El factor arlequín tiene la característica de no permitir la manifestación de la melanina en determinadas zonas del cuerpo. Fundamentalmente en la zona ventral, parte posterior de la cabeza, las plumas remeras primarias de las alas y timoneras de la cola.

Existen tres variedades de arlequines:

Dominante australiano, Dominante holandés y,

Danés recesivo.

ARLEQUÍN DOMINANTE AUSTRALIANO.

Tienen una banda de color que divide el color base en dos partes.

Presentan una mancha en la cabeza, remeras y timoneras claras y una banda perfectamente delimitada en la parte central del pecho, de color amarillo o blanco según la serie, que divide el vientre en dos partes.

Sus bigoteras son violetas. Y sus patas oscuras.

Los ejemplares de muy buena calidad presentan el juego de perlas completo en la garganta, así como unas manchas auriculares impecablemente dibujadas.

Pueden aparecer en todas las series: Verde, verde gris, azul y gris.

La diferencia entre las dos series verdes es que en la verde gris las bigoteras son de color gris y como el gris se infiltra en el verde opaca la brillantez.

ARLEQUÍN HOLANDÉS O CONTINENTAL

Se distingue por una mancha clara (aureola) en la parte superior de la nuca de color amarillo o blanco según la serie de color a la que pertenezca y por el tono claro de sus remeras y timoneras. Con bigoteras blancas y patas rosadas.

El cuerpo dividido más o menos a la mitad en verde y amarillo o azul y blanco según la serie verde o azul.

ARLEQUÍN DANÉS RECESIVO

Tienen la máscara amarilla o blanca y bigoteras combinadas en violeta y blanco o en gris y blanco según la serie a que correspondan.

Ojos negros sin aro blanco, (**sin iris visible) característica fundamental**.

En esta variedad la cera del macho es rosada y en la hembra marrón

Remeras y timoneras amarillas o blancas según la serie.

Para mejorar sus marcas técnicas se debe cruzar un ondulado portador de primera generación con un danés recesivo manifiesto.

Se ha observado que los ejemplares portadores de primera generación, obtenidos a partir del cruce de arlequín con un ondulado daban mejores resultados que los portadores procedentes de muchas generaciones de cruces con arlequines.

MÁSCARA AMARILLA

La máscara amarilla tiene dos mutantes el I y el II que veremos después.

Es usual aparear periquitos cara amarilla con ondulados de la serie azul, pues en la serie azul la máscara amarilla hace un bello contraste.

Un bellísimo ejemplar *EL ANTIGUAMENTE LLAMADO ARCOIRIS* no es más que un opalino, azul, alas grises, máscara amarilla.

Todos los periquitos de la serie verde pueden ser **potencialmente** portadores de cara amarilla, pero como es de suponer por su aspecto externo, no se diferenciaran mucho de los verde normales.

Aunque en los verdes portadores, el amarillo se hace más intenso en la máscara.

Combinación de variedades:

Spangle azul máscara amarilla.

AGAPORNIS ROSEICOLLIS

Veamos algunas descripciones que pueden resultar de utilidad pero que no son normas técnicas ni pueden ser interpretadas como tal. El objetivo de las mismas es facilitar al principiante una información general para la identificación y clasificación de las distintas variedades.

DESCRIPCIONES

SERIE VERDE

Los roseicollis de la serie verde pueden ser de tres tipos, verde claro, verde laurel y verde olivo.

El cruzamiento de dos verdes laurel tiene la especial característica de que se podrán obtener de dicho cruce las tres tonalidades de color verde: claro, laurel y olivo.

SERIE AZUL

En esta serie encontraremos también tres tonalidades el azul claro, el azul cobalto y el malva.

Aquí debemos señalar que el azul malva en realidad tendrá un color más semejante al gris que al malva. Esto se observa claramente cuando apareamos dos azules cobalto y en la descendencia obtenemos azules claros, azules cobaltos y malvas con lo que se hace patente que el malva es la tonalidad que responde a la posesión de dos factores de oscuridad en la línea azul.

VIOLETA

Esta mutación es dominante y puede aparecer en factor sencillo o doble.

Ella refleja el color de longitud de onda más corto existente que es adicionalmente influenciado por los factores de oscuridad que se le pueden sobreañadir.

En este caso es importante distinguir el ejemplar de doble factor violeta, del ejemplar violeta con doble factor de oscuridad, que no es lo mismo.

Esta es una mutación reciente

Es desaconsejable su apareamiento con la serie verde.

AGAPORNIS PERSONATA

Viven en Tanzania y tienen anillo perioftálmico.

Transportan el material de nidificación en el pico, no tienen dimorfismo sexual, por lo que ambos sexos son iguales, con una máscara negra que les cubre la cabeza.

La garganta y el pecho son amarillos y el resto de cuerpo es verde, la rabadilla es azul.

Los nidos deben ser algo mayores que los que se utilizan en otras especies.

Se aconseja su cría por parejas aunque algunos han utilizado el sistema de colonias.

Entre sus variedades tenemos: Azul claro, cobalto, malva, verde claro, laurel, olivo, diluidos, Lutinos, arlequines, albinos, dorados y plateados.

AGAPORNIS FISHERI

Es una de las tres especies más populares hoy en día. Viven en Tanzania y nidifican en colonias en su estado salvaje, cría muy bien en cautividad sobre todo en colonias lo cual resulta lógico si se toma en cuenta sus hábitos naturales. Transportan el material de nidificación en el pico. **N**o tienen dimorfismo sexual. La frente es de color anaranjado rojizo al igual que las mejillas y la garganta. El cuello es amarillo mientras que detrás de la cabeza se inicia la tonalidad verde olivo, la rabadilla es azul brillante y tienen anillo perioftálmico.

Entre sus variedades tenemos: Serie verde y azul Arlequines, Canelas, Plateados, Diluidos. Lutinos, Albinos y Dorados.

AGAPORNIS TARANTA O DE ALAS NEGRAS

Viven en Etiopía, resulta fácil reconocer la hembra del macho ya que el macho es verde con una franja roja en la frente que se extiende hasta formar un círculo alrededor del ojo, lo cual no ocurre en la hembra. (Dimorfismo sexual). Las remeras del macho son negras, mientras que en la hembra son negras parduscas. El pico es rojo en ambos.

AGAPORNIS CANA O DE CABEZA GRIS

Viven en Madagascar, y es una de las de menor tamaño 13 cm. Presenta dimorfismo sexual.

En el macho, la cabeza el cuello y la parte superior del pecho son de tonalidad gris clara pero en la hembra estas partes son de amarillo verdoso claro.

En estado salvaje viven en grupos grandes pero no nidifican en colonia.

Su crianza presenta serias dificultades.

AGAPORNIS SWINDERNIANA O DE CUELLO NEGRO

(Conocidos como Swindern)

Viven en África central, permaneciendo la mayor parte del tiempo en la cima de los árboles, por lo que resulta difícil verlos. Es la única especie que tiene el pico negro con una banda también negra en la parte posterior del cuello y otra amarilla pardusca inmediatamente debajo de ella. A saber no existen ejemplares en cautividad.

AGAPORNIS PULLARIA O DE CARA ROJA

Viven en África central, presenta dimorfismo sexual, aunque no resulta fácil delimitar la diferencia, el macho tiene la cara roja que se extiende desde la frente y llega a través del centro del ojo hasta la parte anterior del cuello, el pico también es rojo, la hembra presenta iguales características pero más anaranjada que roja que se funde con un plumaje casi amarillento, el color debajo de las cobertoras de las alas es verde en lugar de negro como ocurre en el macho. Es un pájaro muy tímido, y resulta muy difícil de criar en cautividad pues construyen el nido en montículos terrosos donde excavan una especie de madriguera donde depositan los huevos.

AGAPORNIS NIGRIGENIS O DE MEJILLA NEGRA

Viven en la parte sub - central de África, el color de la cabeza es castaño con las mejillas y el rostro negro pero la parte superior del pecho es rojo anaranjado, posee anillo perioftálmico. y no tienen dimorfismo sexual, la rabadilla es verde.

Paradójicamente aunque crían con facilidad en tutelaje es una especie amenazada con el peligro de extinción. Ya que en otras épocas se importaron en grandes cantidades pero los cruces indeseables han hecho difícil encontrar ejemplares puros debido a la erosión genética.

AGAPORNIS LILIANAE

Viven en Zambia, Tanzania y Mozambique, tienen el pico rojo, la coronilla y la frente son de color anaranjado que gradualmente se diluye para convertirse en rojo salmón en torno a la garganta y las mejillas, su parecido con el fisheris es grande, pero el Fisheris tiene las plumas superiores de la cola de color azul mientras que la rabadilla del Lilianae es verde. La mutación lutino de los Lilianae tiene la cabeza roja mientras que el cuerpo es amarillo brillante con remeras blancas. Al ser poco agresivo ha sido posible criarlos en colonias, aun cuando muchos aconsejan su cría por pareja.

CACATILLOS

Entre los Cacatillos encontraremos:

gris	Cremino
perlado gris	lacewing
arlequín gris	pardino
arlequín perlado gris	gris pastel
gris de máscara blanca	arlequín gris pastel
perlado gris de máscara blanca	gris perlado pastel
arlequín gris de máscara blanca	arlequín gris perlado pastel
arlequín perlado gris máscara blanca	gris máscara blanca pastel
albino	arlequín gris máscara blanca pastel
lutino	gris perlado máscara blanca pastel
lutino perlado	arlequín gris perlado máscara blanca pastel
amarillo	canela pastel
canela	arlequín canela pastel
perlado canela	canela perlado pastel
arlequín canela	arlequín canela perlado pastel
arlequín perlado canela	canela máscara blanca pastel
canela de máscara blanca	arlequín canela máscara blanca pastel
perlado canela de máscara blanca	canela perlado máscara blanca pastel
arlequín canela de máscara blanca	arlequín canela perlado máscara blanca pastel
arlequín perlado canela de máscara blanca	flavo plateado
plateado	olivo
arlequín plateado	cara pastel
plateado de máscara blanca	blanco de ojos negros

LOS PASERIFORMES

Resulta oportuno conocer que todas las especies que veremos a continuación: Canarios, Gorrión de Japón, Gorrión de Java, Diamante de Gould, Diamante Mandarín, Diamante de cola larga y Sparrow son Paseriformes los cuales tienen cuatro dedos, tres de ellos están dirigidos hacia delante y solo uno hacia atrás, mientras que sus picos son rectos, generalmente cortos y no tienen gran fortaleza en ellos.

En el color de los paseriformes además de los lipocromos y las melaninas pueden intervenir también los carotenos en cuya constitución participan fundamentalmente los carbohidratos.

CANARIOS

CLASIFICACION

EN LOS CANARIOS DE COLOR ATENDIENDO A SUS CARACTERÍSTICAS MELANICAS

Lipocrómicos	Melánicos
Blanco	Negro marrón, Canela y Ágata
Blanco dominante	Isabelinos
Amarillo	Pasteles
Rojo	Alas grises
Rojo marfil	Opalinos
Albinos	Satine y Eumo
Lutinos y Rubinos	Onix y Topacio

HISTORIA

Los canarios tomaron el nombre de las islas donde fueron descubiertas "Islas Canarias" y según documentos ingleses que datan del siglo XVI fue la reina Isabel I en 1580 quien inició la cría a partir de una pareja que recibió de regalo y que con sumo cuidado y esmero logró reproducir, lo que constituyó con el tiempo un regalo regio que la soberana ofertaba a sus nobles como signo de especial deferencia.

Otros documentos indican que la cría se inició en algunos monasterios españoles donde los monjes alentados por el alto precio en que podían ser vendidos se especializaron en ello, pero solo comercializaban los machos manteniendo las hembras en su poder a fin de monopolizar dicho comercio, aunque lo cierto es que la reina Isabel logró de alguna forma obtener una pareja con la que inició su reproducción.

Pero no fue hasta 1670 cuando ocurrió la mutación hacia el color amarillo que tanto gustó y que rápidamente se extendió a los demás continentes. Pronto aparecieron nuevas mutaciones y en la actualidad se cuenta con más de cuatrocientas variedades cromáticas

EL COLOR DEL PLUMAJE

LIPOCROMOS Y MELANINAS

El color del plumaje en los canarios viene dado por factores químicos, físicos y biológicos. Los factores químicos dependen de estructuras bioquímicas llamadas pigmentos En general los pigmentos pueden ser de dos tipos

DESCRIPCIONES

Estas descripciones no son normas técnicas ni pueden ser interpretadas como tal, solo tienen como objetivo facilitar al principiante la identificación de las distintas variedades

CANARIOS LIPOCROMICOS

CANARIO BLANCO

Aquí está impedido totalmente la sedimentación de todos los pigmentos dando a estos canarios un color blanco nítido, sin restos de amarillo.

 (Inhibición total del lipocromo)

CANARIO BLANCO DOMINANTE

En estos ejemplares está impedida parcialmente la sedimentación de todos los pigmentos en su plumaje, por lo que su apariencia es blanca, quedando solo restos de amarillo en hombros, remeras y timoneras.

(Inhibición parcial del depósito de lipocromo en el plumaje).

CANARIO AMARILLO

Es de color amarillo de tonalidad uniforme.

Se prefiere el amarillo limón sobre el amarillo dorado, no se acepta el naranja.

CANARIO ROJO

Surge a partir de la hibridización con el Cardenalito Venezolano del cual hereda la facultad de asimilar los pigmentos rojos dando una coloración roja brillante y uniforme.

CANARIO ROJO MARFIL

Al ser afectado por la mutación marfil que suaviza y apastela su color, toma una tonalidad rosada.

CANARIO AMARILLO MARFIL

Tiene un tono amarillo claro semejante al color de la paja, como consecuencia de la influencia de la mutación marfil.

CANARIOS LIPOCROMICOS DE OJOS ROJOS

Todos los canarios lipocrómicos "pueden" presentar la particularidad de poseer ojos rojos lo cual puede ser debido a dos mutaciones diferentes. INO Y SATINE.

En los concursos se prefiere los ojos rojos del satiné.

CANARIOS MELANICOS

NEGRO MARRON

Tiene las tres melaninas oxidadas.

La estructura melánica será completamente negro azabache, el dibujo dorsal deberá ser ancho, fuerte ininterrumpido y sin zonas diluidas.

La eumelanina negra está oxidada al máximo llegando hasta el mismo borde de las remeras y timoneras. Con patas, dedos uñas y pico completamente negro.

Según el lipocromo tiene distintos nombres para definir mejor la variedad, así cuando el fondo es:

Blanco dominante, le llamamos: azul dominante Es el negro marrón con fondo blanco dominante, ofreciendo una tonalidad gris plomo.

Blanco recesivo o sencillamente "blanco", (le llamamos: azul). Es el negro marrón con fondo blanco recesivo, con ausencia total del lipocromo, ofreciendo una tonalidad semejante a la plata.

Amarillo, (le llamamos: Verde, Es el negro marrón con el fondo amarillo quien nos aporta el ejemplar que llamamos verde por la superposición del amarillo. El color verde debe ser apreciado nítidamente en el pecho, vientre y entre el dibujo melánico.

Rojo, (le llamamos: Cobre). Es el negro marrón en un fondo rojo que nos hace apreciar un color semejante al cobre, sus colores deben ser uniformes, brillantes y armónicos, sin presentar zonas de diversa tonalidad.

Amarillo Marfil, (le llamamos: Verde marfil). Es el negro marrón con fondo amarillo y la mutación marfil sobreañadida, ofrece una tonalidad verde claro luminosa, armónica y suave.

Rojo marfil, (le llamamos: Cobre marfi) l. Es el negro marrón con fondo rojo y la mutación marfil sobreañadida, ofreciendo una coloración de tonalidad rosa oscura brillante

CANARIO CANELA

Es una mutación recesiva ligada al sexo que ha actuado sobre la eumelanina negra modificándola en eumelanina marrón o también llamada parda.

Presenta el mismo dibujo melánico que el negro marrón pero de color pardo.

Tiene la eumelanina parda y la feomelanina oxidadas pero la eumelanina negra reducida a pardo. Según el fondo aparecen:

Canela amarillo, de color ocre muy cálido de gran belleza por su suavidad.

Canela rojo, proporciona a la vista una tonalidad rojo oscuro.

Canela blanco, es el plata dominante con ausencia parcial del lipocromo, la distribución dispersa de la eumelanina marrón lo debe cubrir completamente, el plata recesivo es similar al anterior pero la ausencia del lipocromo es total por lo tanto no presenta ningún tipo de incrustación.

Canela marfil, la superposición de la eumelanina marrón dispersa, al amarillo diluido por efecto del factor marfil nos da una tonalidad mucho más clara que el canela amarillo, propiciando un plumaje más sedoso, suave, tupido y compacto.

Canela rojo marfil, es similar al canela rojo pero por la acción del marfil presenta un color de fondo mucho más claro, de color rosado.

Es uno de los canarios más robustos y fáciles de criar.

Muy àconsejable para iniciar la cría por los aficionados que dan sus primeros pasos. Se le considera la primera mutación del canario verde original o salvaje.

CANARIOS ÁGATA

Es una mutación recesiva ligada al sexo produciendo una reducción melánica llamada dilución y reciben su nombre por su color parecido a la piedra ágata.. Es el negro marrón diluido. Las tres melaninas están diluidas.

Es la forma diluida del verde o sea es un verde diluido.

La mutación conocida como Ágata afecta la eumelanina negra en el sentido de concentrarla hacia el centro de la pluma, dejando los bordes despigmentados casi totalmente y la feomelanina reducida al máximo.

El manto del Ágata se presenta en forma de trazos cortos y estrechos. Los Ágatas presentan las cejas con el lipocromo casi nítido y los bigotes se presentan muy marcados y perfectamente contrastados, las melaninas de la cabeza están perfectamente estriadas y marcadas, los bigotes se destacan nítidamente.

Todo el dibujo melánico debe ser de color gris oscuro casi negro, comenzando detrás del nacimiento del pico. El borde de las plumas es gris perla.

El buen Ágata debe tener total ausencia de Feomelaninas.

Según el fondo aparecen: Ágata amarillo, rojo, blanco, marfil y rojo marfil.

CANARIOS ISABELA

Es el producto de la interacción entre la mutación que transforma la eumelanina negra en parda y la dilución existente en el ágata. Es la forma diluida del canela o sea es sencillamente un canela diluido. Estos ejemplares aparecieron por "crossingover" entre el Canela y el Ágata. Tiene feomelanina reducida.

El pico, las patas, los dedos y las uñas deben ser de color carne.

CANARIO EUMO

La mutación Eumo es autosómica recesiva, ella centraliza y reduce las melaninas tanto longitudinal como transversalmente.

Estos ejemplares poseen un diseño estriado y el espacio entre las estrías es luminoso, la melanina está en el eje de las plumas.

Tienen una ausencia casi total de la feomelanina con un diseño melánico centralizado.

Tienen los ojos rojos.

Las patas, uñas y pico son de color claro.

Aparecen: Negro marrón Eumo, Ágata Eumo, Canela Eumo, Isabela Eumo.

CANARIOS OPAL

Es una mutación recesiva autosómica que actúa sobre las melaninas reduciéndolas e invirtiéndolas, produciendo en los negro pardos, ágatas y pardos un aspecto gris azulado semejante al de la piedra ópalo que le da su nombre.

Esta mutación transforma la eumelanina negra en una tonalidad gris - azulada que es bien definida en los ejemplares de la serie Negro marrón y Ágatas y con menor definición en los Canelas e Isabelas. Al tratarse el Opal de una mutación que afecta sobre todo la estructura de la pluma, las partes córneas de cada tipo permanecerán idénticas a las de sus respectivos tipos clásicos.

Aparecen:

Negro marrón Opal.

Canela Opal.

Ágata Opal.

Isabela Opal.

CANARIOS INOS O FEOS

Llamamos "FEOS" a los canarios melánicos afectados por la mutación "INO" de transmisión autosómica recesiva que inhibe las dos Eumelaninas, la inhibición de la eumelanina negra, incluye las del pico y las patas, así como los ojos pero respeta la feomelanina imprimiéndole una carga melánica mayor.

Estos ejemplares presentan dimorfismo sexual por lo que el macho es perfectamente diferenciable de la hembra que posee mayor cantidad de Feomelaninas. Además el macho presenta una máscara facial. Pico y patas aparecen de color carne en ellos, aunque existen variaciones dependiendo del tipo que se trate. Pero los ojos son rojos. Aparecen: Rubí oxidado (los Negros Canela Rubino y los Canela Rubino) y Rubí diluido (los Ágatas Rubino y los Isabela Rubino)

Según el fondo: (Rojo = Feo Rubino). (Amarillo = Feo Lutino). (Blanco = Feo Albino dominante). (Lutino marfil = Feo Lutino marfil) = (Feo Albino. Blanco).

CANARIOS PASTEL

Es una mutación recesiva ligada al sexo que reduce casi totalmente las Feomelaninas respetando la eumelanina negra.

Los efectos de la mutación PASTEL pueden definirse como una reducción de la feomelanina, dilución de la eumelanina negra y dispersión de la eumelanina parda.

El Negro marrón pastel, debe poseer un dibujo melánico mas diluido que los Negro marrón clásicos y su tonalidad pasa de negro a grisáceo.

Canela Pastel, la acción que la mutación pastel ejerce sobre el canario canela clásico da como resultado una notable reducción de la estructura feomelánica y la dispersión de la eumelanina por lo que el dibujo eumelánico queda sensiblemente reducido de tamaño. El aspecto general es de un tono marrón oscuro con un minino de dibujo en el dorso, en la cabeza y en los flancos.

Ágata Pastel, cuando la mutación pastel aparece sobre un canario Ágata la débil estructura feomelánica de este se ve sensiblemente reducida por el factor pastel hasta casi desaparecer en algunos ejemplares que son los considerados óptimos.

Isabela Pastel, la reducción de la estructura feomelánica y la dispersión total del dibujo eumelánico todo debido a la influencia de la mutación pastel hacen que el Isabela pastel carezca totalmente de dibujo dorsal, en la cabeza o en los flancos, quedando ambas estructuras melánicas amalgamadas, presentando únicamente un ligero manto marrón claro que lo envuelve.

CANARIO SATINE

Es una mutación recesiva ligada al sexo que elimina totalmente la eumelanina negra y la feomelanina, respetando la eumelanina parda, con ojos rojos Su dibujo melánico es idéntico a de la Isabela pero sin rastro de feomelanina por lo que entre los huecos del dibujo aflora el lipocromo de fondo completamente limpio.

Según el fondo aparecen: Satine amarillo, rojo, blanco, marfil y rojo marfil

CANARIO TOPACIO

Es una mutación autosómica recesiva sobre las melaninas y codominante respecto a la mutación Rubino. Se caracteriza por la concentración de melaninas alrededor del centro medular de las plumas y la luminosidad del lipocromo de fondo que aparece se realiza debido a la ausencia de Feomelaninas.

Esta mutación reduce la eumelanina negra y la feomelanina y actúa también sobre pico, patas y uñas dándoles una tonalidad marrón mas o menos clara.

Aparecen: Negro marrón, Topacio, Ágata Topacio.

CANARIO ONIX

En esta mutación autosómica recesiva ocurre lo contrario de lo que ocurre en las otras mutaciones vistas anteriormente que diluían las melaninas, aquí la mutación las oscurece a todas, dando tonalidades muy distintas según el fenotipo presente haciéndose patente una concentración de Eumelaninas desde la parte inferior del cuello hasta la cabeza del ejemplar.

CANARIOS DE CANTO

Al grupo de los canarios de canto pertenecen tres tipos: Harzer Soller, Malinois y Timbrado. Estas tres especies se diferencian sobre todo por las diferentes cualidades canoras.

La particularidad de estos canarios es que no se les exige belleza de forma, colores, talla, dibujo etc. Porque su único mérito reside en el canto, en su melodía, en las notas que emiten que deben ajustarse a un estándar correcto.

En las exposiciones su juicio, se realiza en un ambiente ajeno a la vorágine de la exposición, ello se debe a que cada sonido o ruido y sobre todo el canto de las otras aves expuestas perjudicaría la nitidez y la fluctuación de las notas y la claridad de los timbres que se exigen en la competencia a estas aves.

La línea de selección seguida en el Harzer ha posibilitado características canoras en el que no admite comparación con ningún otro canario.

Ningún canario de canto requiere cuidados especiales en lo referente a la alimentación o la cría que le diferencien de los canarios de color, pero solo criadores expertos consiguen racionalizar y programar las puestas de modo tal que queden fijadas líneas de buenos canores.

Resulta difícil y complejo exponer aquí las características que se suponen deben poseer, pero para hacerse una idea, piense por ejemplo en los sonidos y los ruidos que deben emitir los machos cuando están en presencia de los jueces y que deben semejar a redobles profundos, redobles encadenados, ruidos de agua, sonidos profundos de timbres, notas de flauta, sonidos de arrullos, de cloqueo, etc.

ADQUISICIÓN

Al comprar su primera pareja de canarios de canto el aficionado novel <u>siempre</u> debe aconsejarse por un criador experto pues solo un oído entrenado es capaz de valorar la calidad del canto.

ENTRENAMIENTO

Lo primero es tener un lugar adecuado para su entrenamiento, nada que distraiga al canario, alejándolos de las hembras y de otras aves. El local debe tener luz artificial.

El canario de canto se entrena en gabinetes de madera de 22 pulgadas de largo, 20 pulgadas de alto y 7 de ancho, tendrá dos puertas y estará dividido en 4 departamentos iguales de 11 pulgadas de largo, 8.5 de alto y 6.5 de ancho, divida por una tabla en forma de cruz. Por su parte, las jaulitas que llevan dentro el gabinete tienen 8.5 pulgadas de largo, 8 de alto y 6 de ancho.

Los canarios de canto comienzan su aprendizaje después de la muda, la cual se realiza a los 7 meses o más de nacidos.

El entrenamiento se inicia en septiembre para competir en el mes de diciembre.

La ubicación de los machos será uno al lado del otro si son hermanos y luego los más lejanamente emparentados: Esto da por resultado que en la instrucción dominen las características hereditarias de la familia.

De esta manera se forman los conjuntos para las futuras valoraciones y exposiciones.

Los pichones ya en las jaulas con agua y comida, se tienen allí durante 3 o 4 días, siempre con luz artificial, a los 8 o 10 días se pueden colocar en los gabinetes.

Los criadores se sientan diariamente delante de sus favoritos y observan el progreso del canto, analizando las horas del día en que los pichones son más propensos al canto y eliminando aquellos que a su juicio no cumplen las características de canto requerido, los mejores son elegidos y se inicia con ellos la etapa de oscurecimiento que debe ser progresiva. Nunca se debe oscurecer totalmente pues los canarios dejan de cantar, esta operación se realiza después de 8 o 10 días cuando los canarios ya saben dónde está el agua y la comida.

Primero se oscurecen las jaulas con el cierre de las puertas del gabinete y a las 3 semanas, aproximadamente, se inicia el oscurecimiento del local dos horas por la mañana y dos horas por la tarde.

Las 4 tareas básicas que se emitirán son: Hahlrolle, Knorre, Hahl Kingler y Pfiefe.

Se debe tener presente que un oscurecimiento demasiado intenso inhibe el desarrollo del canto, el grado justo es cuando al abrir el gabinete de canto los pichones emiten en coro su canto a toda plenitud.

Pasada esta etapa se colocan en una mesa, una jaula sobre otra y se comienzan a escuchar 3 veces al día, durante 15 o 20 minutos, siempre con luz artificial. Clasificándolos y colocándolos en jaulas numeradas 1, 2. 3. y 4.

Por último, poner en la jaula 1 (canario de cabeza, el mejor Hahlrolle y Pfiefe), y en la 4 (canario de mesa, el mejor Knorre, bajo)

EXÓTICAS

De la gran variedad de las consideradas exóticas en nuestro medio solamente detallaremos algunas de las que con más frecuencia comienzan los principiantes.

Sólo en esta primera página se ha hecho mención del nombre común (para ayudarte a identificar de cuál te están hablando cuando alguien utilice esa denominación).

Pero en lo adelante solamente utilizaremos la nomenclatura oficial para que te adaptes a ella.

Nombre oficial	Nombre científico	Nombre común
Gorrión del Japón	*Lonchura striata*	isabelitas
Diamante mandarín	*Poephila guttata*	cebritas
Diamantes de Gould	*Poephila gouldiae*	lady gould
Baberos	Diamantes de cola larga	baberos
Paddas	Gorrion de java	hungaros
Sparrow	Emblema guttata	gutatas

Pero existen otras exóticas tales como:

estrildas	frugivoros	avifauna americana
munias	euplectes	hibridos
granadinas	gorrión comun	otros diamantes
erythruras	avifauna silvestre	otras exoticas

CARACTERÍSTICAS GENERALES

GORRIÓN DEL JAPÓN (ISABELITAS)

En Cuba se conocen como Isabelitas, pero en muchos libros aparecen como "Capuchino Japonés". Son aves pequeñas, estas aves presentan los colores carmelitas, blancos y moteados. Originalmente, solo existía la variedad de color pardo oscuro y la manchada de color pardo claro. Actualmente existen toda una serie de mutaciones tales como, la de tono pardo oscuro con el vientre blanco, la amarilla, la blanca y la rojiza.

GORRIÓN DE JAVA (HÚNGAROS)

A pesar de que en nuestro país se les conoce como Húngaros, en muchos otros le llaman Gorrión de Java, Su tamaño promedio es de 14 cm Su pico es algo curvo y grueso pero afinado al terminar y de color rojo a rosado. Su cuerpo es de color gris acerado. La cabeza en su parte dorsal es negra. Los cachetes son blancos. La parte ventral es de color carmelita a violeta claro y se hace casi blanco en la región anal. Los ojos oscuros con un anillo rojizo alrededor. La cola es negra y las patas rosadas.

DIAMANTE DE GOULD (LADY GOULD)

Los Diamante de Gould son aves pequeñas de pico recto, en ellos la naturaleza desbordó coloración y belleza, cuando se les observa dan la impresión de haber sido pintados a mano por lo bien delimitados que tienen sus colores. Son nombrados así atendiendo el color de la cabeza, pecho y dorso.

DIAMANTES DE COLA LARGA (BABEROS)

Aunque en Cuba se conocen con el nombre de Baberos en muchos libros aparecen como Diamantes de cola larga. Sus características son: Plumaje dorsal gris oscuro acerado, con el vientre gris claro. El pico es fino, alargado y de color rojo. El cuello presenta en su parte ventral un babero de color negro (De donde le viene el nombre). La cola es negra, terminada en una pluma central larga.

DIAMANTE MANDARIN (CEBRITAS)

Aunque en Cuba se conocen como Cebritas la POEPHILA GUTTATA es mencionada en otros libros como Diamante manchado o DIAMANTE MANDARIN. El pico es de color rojo anaranjado. La cabeza, en los machos posee una pequeña franja negra demarcada, los cachetes de color anaranjado, la hembra posee solo la pequeña franja negra. Se han logrado criar la mutación blanca, la plateada, la jaspeada, la de pecho negro y otras.

SPARROW (GUTTATAS)

Al Emblema Guttata en nuestro medio se les ha dado llamar simplemente Guttatas pero esta es una mala costumbre ya que existen otros Guttatas tales como el Pheophila Guttata (conocido en Cuba como Cebrita) y esto tiende a confundir. En otras latitudes le llaman Diamante Moteado o también Diamante cola de fuego. Su tamaño esta alrededor de los 12cm. La cabeza es gris y el pico es rojo, tiene una banda negra de los ojos al pico. Los ojos son negros con un aro rojo anaranjado alrededor. El cuello gris está separado de la parte ventral blanca por una banda negra que se extiende hasta la cola y que esta moteada de blanco. El dorso puede ser carmelitoso claro y la cola es negra.

PARTICULARIDADES DE ALGUNAS EXÓTICAS

GORRIÓN DEL JAPÓN

(*Lonchura striata* doméstica)

Pertenece a la familia de los Estrildidae.

En Cuba se conocen como Isabelitas, es una de las aves más antiguas procedente de Japón. Son aves pequeñas, de aproximadamente 11cm. de longitud y 17 g. de peso, estas aves presentan los colores carmelitas, blancos y moteados. Sus nidos y otras características son similares con todos los Paseriformes, distinguiéndose por ser muy buenas criadoras por ello <u>se utilizan con mucha frecuencia como NODRIZAS</u>, generalmente 3 parejas de ellas por cada pareja de otra exótica.

No deben criar más de 4 veces al año, dejándolas descansar el resto del tiempo.

Ponen como promedio de 5 a 7 huevos en días sucesivos y en horas tempranas, la incubación dura aproximadamente 14 días donde los padres se alternan de día y juntos durante la noche. A los 20 días los pichones salen del nido, aunque son alimentados por los padres durante 15 días más. Pasada esa fecha deben separarse pues tienden a dormir junto a sus padres con lo que obstaculizan una nueva nidificación. Las hembras están aptas para la reproducción a partir de los 6 meses.

El aseo lo realizan ellas mismas con su pico por lo que deben tener una vela (bebedero) para tomar agua y evitar que esta se ensucie.

Los Gorrión del Japón entre ellos son tan sociables que dormirían todos juntos en un mismo nidal y se llevan bien con otras aves pequeñas.

Pero como ante la menor agresión resulta belicosa por lo que se deben tener en jaulas individuales.

Originalmente, solo existía la variedad de color pardo oscuro y la manchada de color pardo claro. Actualmente existen toda una serie de mutaciones tales como, la de tono pardo oscuro con el vientre blanco, la amarilla, la blanca y la rojiza. El resto de sus características son similares a las vistas para todos los Paseriformes.

GORRIÓN DE JAVA (PADDA)

Pertenece a la familia de los Estrildidae

A pesar de que en nuestro país se les conoce como húngaros, su nombre es Gorrión de Java. Es originario de Indonesia.

Su tamaño promedio es de 14 cm. y pesa aproximadamente 30 g. Su pico es algo curvo y grueso pero afinado al terminar y de color rojo a rosado Su cuerpo es de color gris acerado La cabeza en su parte dorsal es negra. Los cachetes son blancos La parte ventral es de color carmelita a violeta claro y se hace casi blanco en la región anal.

Los ojos oscuros con un anillo rojizo alrededor.

La cola es negra y las patas rosadas. Entre sus mutaciones se encuentran: La blanca. La moteada y La carmelita entre otras.

La diferenciación sexual es difícil aunque en el macho las tonalidades son más fuertes.

La hembra pone entre 4 y 6 huevos, la incubación dura 14 días aproximadamente y al cabo de 4 semanas abandonan el nido, pero siguen siendo alimentados durante 2 semanas más por sus padres, fecha en que deberán ser destetados.

El resto de sus características son similares a las vistas para todos los Paseriformes.

DIAMANTE DE GOULD

Los diamantes de Gould , oriundos del Norte de Australia son aves pequeñas y frágiles que nos dejan atónitos ante su maravillosa belleza, sus colores son tan variados, parejos y delimitados, que parecen dibujados a pincel por la naturaleza, pero al no ser tan buenas criadoras como los gorriones del Japón (que sin la belleza exuberante de las anteriores) son sin embargo excelentes madres serán estas las que se utilicen como nodrizas para llevar adelante la cría de los diamante de Gould.

Para iniciar la cría de los Diamante de Gould basta con unas pocas parejas si toma en cuenta las característica de su transmisión hereditaria con lo se podrá fácilmente lograr una inmensa variedad <u>utilizando 4 ó 5 parejas de nodrizas por cada pareja de Lady</u>.

Antes de iniciar con las distintas variedades debemos señalar que los Diamante de Gould son una de las raras especies donde el "salvaje" está representado por tres clases de individuos, los de cabeza roja , los de cabeza negra y los de cabeza naranja que viven más o menos mezclados y se cruzan sin dificultad entre ellas para dar individuos de los tres tipos, aunque los de cabeza naranja por ser de carácter recesivo autosómico desaparecen con cierta rapidez de la población al estar en libre apareamiento con los de cabeza roja o negra que se trasmiten con carácter dominante.

La variedad cabeza negra fue descubierta primero mientras que posteriormente la de cabeza roja lo fue por John Gould quien en realidad ha sido recogido por la historia como el descubridor del Diamante de Gould.

PLUMAJE JUVENIL

En el momento de la independización el Diamante de Gould presentan un plumaje bastante mate, sin brillo, sin color y deslucido.

La muda juvenil tiene lugar el primer año, generalmente surge a los dos meses y medio y dura tres meses, proporcionando a los pichones un plumaje bastante neutro que será precedido por la muda adulta, un año después, que aportará el bello plumaje definitivo

EL DIAMANTE DE GOULD CLASICO (Salvaje)

El "salvaje" o "variedad base" está representado (repetimos) por tres clases de individuos, los de cabeza roja, los de cabeza negra y los de cabeza naranja que viven más o menos mezclados y se cruzan sin dificultad entre ellas para dar individuos de los tres tipos, aunque los de cabeza naranja por ser de carácter recesivo autosómico desaparecen con cierta rapidez de la población al estar en libre apareamiento con los de cabeza roja o negra que se trasmiten con carácter dominante.

El llamado clásico de las exposiciones tiene las siguientes características. Cabeza roja o negra, pecho malva y pico manchado de rojo.

EL COLOR DE LA CABEZA EN LOS DIAMANTE DE GOULD

Diversas mutaciones pueden modificar los colores de modo tal que se pueden obtener:

Por modificación del carotinoide, Diamante de Gould de cabeza roja, naranja o amarilla.

Por mutación de la melanina, Diamante de Gould de cabeza gris o blanca y marrón, esta última llamada "Cinnamon" pero muy rara.

Rápidamente se descubrió que el color rojo de la cabeza dominaba sobre el negro,

Ya que cualquiera que sea el color de la cabeza, todos tienen el pico rojo, es indiscutible que estos genes (color de cabeza y pico) no están ligados.

Pero se ha demostrado también que **hacen falta dos condiciones para que el color rojo se exprese**:

- Que un factor impida el depósito de melanina negra.
- Que otro factor permita el depósito de carotinoide.

Estos elementos deben ser considerados cuando se quiere tener o conservar Diamante de Gould de cabeza naranja o amarilla.

Un Diamante de Gould cabeza negra puede ser portador de naranja <u>pero no de cabeza naranja</u>. Pues para ser efectivamente portador de cabeza naranja hay que tener a la vez un factor rojo y un factor naranja (presencia de mascara coloreada para estos factores) y este Diamante de Gould es necesariamente cabeza roja. Un Diamante de Gould que tiene dos factores naranja es necesariamente de pico manchado de naranja. Su cabeza será naranja si tiene un factor rojo y negro si no lo tiene, en este último caso se llama Diamante de Gould cabeza negra pico naranja.

PARROW (GUTTATAS).

(Emblema Guttata).

Pertenece a la familia de los Estrildidae.

En nuestro medio se les ha dado llamar simplemente Guttatas pero esta es una mala costumbre ya que existen otros Guttatas tales como el *Poephila guttata* (conocido en Cuba como Cebrita) y esto tiende a confundir.

En otras latitudes le llaman Diamante Moteado o también Diamante cola de fuego, es un ave muy resistente y elegante por lo que resulta un verdadero adorno en cualquier aviario.

- Su cría en tutelaje se remonta a la primera mitad del siglo XIX.
- Su tamaño esta alrededor de los 12cm.
- La cabeza es gris y el pico es rojo.
- Tiene una banda negra de los ojos al pico.
- Los ojos son negros con un aro rojo anaranjado alrededor.
- El cuello gris está separado de la parte ventral blanca por una banda negra que se extiende hasta la cola y que esta moteada de blanco.
- El dorso puede ser carmelitoso claro. La cola es negra.
- La hembra pone entre 4 y 6 huevos, que incuba durante 15 días y 25 días después los pichones abandonan el nido.
- En ocasiones resulta necesario recurrir a las nodrizas para lograr las crías.
- El resto de sus características son similares a las vistas para todos los Paseriformes.

BIBLIOGRAFIA.

1. Álvarez González, Viviana. 1994. En compañía de las aves ornamentales, Editorial Científico Técnica. La Habana.
2. Álvarez Olivar, Esperanza. 1989. Periquitos de Australia, folleto.
3. American Budgerigar Society. 1995. An handbook for the novice breeder.
4. Blanco Castro, Enrique, El canario opalino, pag. 19 Rev. Cuba Ornitológica, 2000,
5. Brunelli, Ricardo. 1996. El gran libro ilustrado de los canarios, Editorial de Vecchi.
6. Castillo Chang, Miguel, El doble factor intenso en los canarios p,6-7 Rev. Cuba Ornitológica año 2 No 4, 2003
7. Chirino Pedraza, Roberto. 1991. Reproducción y alimentación del periquito, (folleto).
8. Del Pino Luengo, Miguel. 1976. El periquito, editorial Aedos.
9. Domefauna. 1993. Periquitos, equipo de especialistas, editorial de Vecchi.
10. Elisabetta Gismondi. 2002. Cocorite, Editorial de Vecchi.
11. Fragose Rosario, Beatriz, Manejo y alimentación de las aves, pag. 8-9 Rev. Cuba Ornitológica Año 1 No. 2, 2002
12. Gismondi, Elisabetta. 1999. El gran libro ilustrado de los loros. Editorial de Vecchi.
13. Gismondi Elisabetta. 1995. Guía completa de los canarios de color. Editorial de Vecchi.
14. Halaburda, T. 2001. Agapornis, ver y conocer, Editorial hispano europea.
15. Hernández Muñoz, Abel. 2000. Las Aves y tú. Editorial Científico-Técnica. La Habana, 81 pp.
16. Hernández Ponce, Casimiro, El canario de canto, su entrenamiento, p, 28 - 29 Rev. Cuba Ornitológica año 2 No 4, 2003
17. Jacd C., Harris. 1999. Carolinas, Editorial hispano europea.
18. Minguez Mireia. 1994. Los canarios, Editorial de Vecchi.
19. Noel Betancourt. 2000. Colección el criador. (folletos).
20. Pérez Beato, Octavio. 1987. Genética del color en el canario. Editorial Científico Técnica. La Habana.
21. Rodríguez Guzmán, Manuel, El diamante de Gould y sus mutaciones. Inédito
22. Rosemary, Low. 1996. Loros y afines, Editorial Omega. Barcelona.
23. Rutgers, A. 1995. Periquitos de color.

24. Silva Batista, Shirley, Diamante de Gould, Retos y experiencias Pag. 18-19 Rev. Cuba Ornitológica Año 1 No.1, 2001

25. Silva Castillo, Manuel. 1999. Expectativas hereditarias en los agapornis , Editorial Sanlope.

26. Soto, Lucas. 1955. El canario y demás aves canoras, Editorial Sintes.

27. Stanislav, Chvapil. 1992. Aves de jaula, Editorial Susaeta.

28. Streeter. Ray. 1994. Mi periquito. Editorial hispanoeuropea.

29. Uribe, F. 1993. Como criar pájaros exóticos. Editorial de Vecchi.

30. Vins, Theo. 1996. Periquitos, Editorial Omega.

31. Vriends, Mathew M. 1988. Guía de las aves de jaula, Editorial Grijalbo.

I want morebooks!

Buy your books fast and straightforward online - at one of world's fastest growing online book stores! Environmentally sound due to Print-on-Demand technologies.

Buy your books online at
www.morebooks.shop

¡Compre sus libros rápido y directo en internet, en una de las librerías en línea con mayor crecimiento en el mundo! Producción que protege el medio ambiente a través de las tecnologías de impresión bajo demanda.

Compre sus libros online en
www.morebooks.shop

Printed by Books on Demand GmbH, Norderstedt / Germany